はじめての Google Home

ニュース、音楽、家電操作から
さらに楽しい使い方まで

技術評論社

CONTENTS

Chapter 1
Google Homeとスマートスピーカーの基礎知識

Chapter 2
Google Homeを使ってみよう

Chapter 3
Google Homeをさまざまなサービスと連携させる

Chapter 4
Google HomeをAV機器や家電と連携させる

Chapter 5
IFTTTでGoogle Homeの機能を拡張する

表紙写真提供：Google

Chapter 1

Google Homeとスマートスピーカーの基礎知識

2017年に国内で相次いで発売され、いきなりブームを巻き起こしたスマートスピーカー。Google Homeもそのうちの1つです。この章では、スマートスピーカーとはそもそもどんな製品なのかから説き起こし、Google Homeの特徴、そのほかのスマートスピーカーについて触れています。スマートスピーカー全般について知りたい人は、ぜひ読んでみてください。

提供：Google

音声による操作でスマートライフを実現

スマートスピーカーとはどういうものか

日本でもつぎつぎと製品が発売され、関心が高まっているスマートスピーカー。ここでは、スマートスピーカーとはどんな機器なのか、何ができるのかを見てみましょう。

生活を便利にするインテリジェントなスピーカー

スマートスピーカーとは、音声アシスタント機能を搭載したスピーカーの総称で、AIスピーカーとも呼ばれています。ユーザーが声で質問や要望を伝えると、その内容を解析し、音声で応答します。たとえば「明日の天気を教えて」と話しかければ、天気予報を教えてくれます。Wi-Fi経由でインターネットに接続できるため、ウェブ上の各種サービスとの連携が可能です。さらに家電などの機器をコントロールすることもでき、生活のさまざまな場面で役立つツールとして注目を集めています。

話しかけるだけで手軽に操作できる

提供：Google

リビングやキッチンなど好きな場所に設置しておき、必要なときに話しかけるだけで、すぐに利用できます。知りたいことや頼みたいことがあったら、気軽に声をかけてみましょう。

提供：Google

ハンズフリーで操作できるため、手がふさがっているときでも利用できます。朝、出かける準備をしながらニュースを聞いたり、料理をしながらタイマーをセットしたりといった使い方が便利です。

音声でやりとりして多彩な機能を使える

音声でリクエスト

音声でフィードバック

「明日の天気を教えて」「今日のニュースは？」などと話しかけるだけで、天気予報やニュースをチェックできて便利です。そのほか、わからない言葉の意味を調べたり、アラームやタイマーをセットしたり、音楽を聴いたりすることもできます。対応する製品であれば、家電を声で操作することも可能です。

スマートスピーカーにはどんな種類がある？

　スマートスピーカーは、搭載している音声アシスタントの種類によってタイプが異なります。現在日本で販売されている製品は、Googleの「Googleアシスタント」、Amazonの「Alexa（アレクサ）」、LINEの「Clova（クローバ）」のいずれかを搭載しています。また、Appleの「Siri（シリ）」を搭載した製品も米国などで発売され、国内でも近日中に発売される見込みです。ここでは、それぞれの代表的な製品を見てみましょう。なお、各製品の詳細なスペックは、10ページ以降で紹介します。

搭載する音声アシスタントによって製品の種類が異なる

Google Home

●搭載音声アシスタント：Googleアシスタント
●開発元：Google

AndroidでもおなじみのGoogleアシスタントを搭載。「Ok Google」と話しかけて、情報の検索などさまざまな機能を利用できます。Googleの多彩なサービスに加え、Chromecastなどの機器とも連携が可能です。

提供：Google

Amazon Echo

●搭載音声アシスタント：Alexa
●開発元：Amazon

Amazonが開発するAlexaを搭載。米国では他社に先駆けて2014年11月に最初の製品が登場し、現在もNo.1のシェアを誇ります。Amazonのサービスはもちろん、他社のサービスやデバイスとも連携でき、充実した機能を利用できます。

Clova WAVE

●搭載音声アシスタント：Clova
●開発元：LINE

LINEが開発する音声アシスタント、Clovaを搭載。音声操作だけでLINEのトークや無料通話を利用できるのが最大の特徴です。また、赤外線リモコンを内蔵し、テレビやエアコンなどの家電を操作することも可能です。

Apple HomePod

●搭載音声アシスタント：Siri
●開発元：Apple

iPhoneなどと同じくSiriを搭載し、Apple Musicとの連携で音楽を楽しめます。米国では2018年2月上旬に発売されましたが、日本での発売時期は未定です。

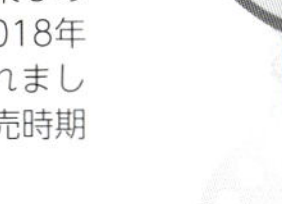

スマートスピーカーの現状と今後の進化への期待　Column

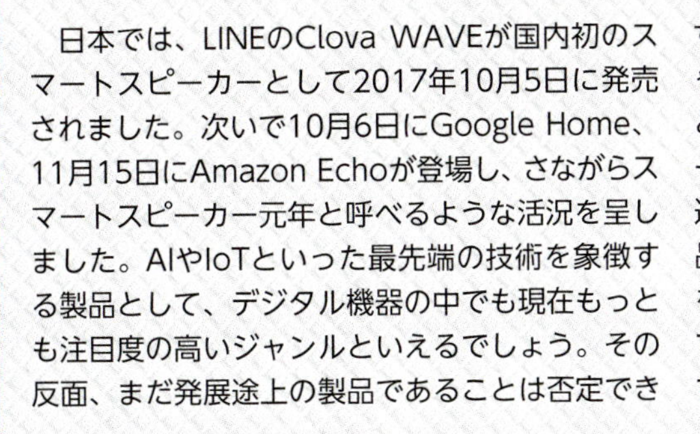

　日本では、LINEのClova WAVEが国内初のスマートスピーカーとして2017年10月5日に発売されました。次いで10月6日にGoogle Home、11月15日にAmazon Echoが登場し、さながらスマートスピーカー元年と呼べるような活況を呈しました。AIやIoTといった最先端の技術を象徴する製品として、デジタル機器の中でも現在もっとも注目度の高いジャンルといえるでしょう。その反面、まだ発展途上の製品であることは否定できず、実際に使い始めてみると「思ったほど便利じゃない」「もっといろんな機能があればいいのに」と感じる人もいるかもしれません。しかし、スマートスピーカーはソフトウェアのアップデートや連携サービスの拡充により、継続的に進化する製品です。また、ユーザーがいろいろなテクニックを駆使することで利便性を向上させることも可能です。今後の機能追加に期待しつつ、うまく活用するコツを身につけていきましょう。

1-2

生活に便利な機能から音楽・動画まで楽しめる

Google Homeの特徴を知っておこう

Google Homeは、Googleが開発する音声アシスタント「Googleアシスタント」を搭載したスマートスピーカーです。ここでは、主な特徴を紹介します。

Googleならではの先進的な機能が満載

「Google Home」は、Googleアシスタントの開発元であるGoogleが自ら販売するスマートスピーカーです。米国では2016年11月4日、日本では2017年10月6日に発売されました。さらに同年10月23日には、コンパクトサイズの「Google Home Mini」がラインナップに加わりました。日本では現在、この2機種のみを入手できますが、米国ではサウンド面の性能を強化した「Google Home Max」という機種も販売されています。

Googleアシスタントはスマホ用の音声アシスタントとしても採用されており、Googleならではの優れた音声認識と検索機能が特徴です。また、Googleが提供する多数の便利なサービスと連携できるのも、Google Homeの大きなメリットです。

Google Homeのラインナップと購入方法

日本で入手できるのは2機種

提供：Google

左から順に、Google Home Mini、Google Home、Google Home Max。このうちGoogle Home Maxは米国のみで販売されています。各機種の詳しいスペックなどは、10ページ以降で紹介します。

Google Homeの購入

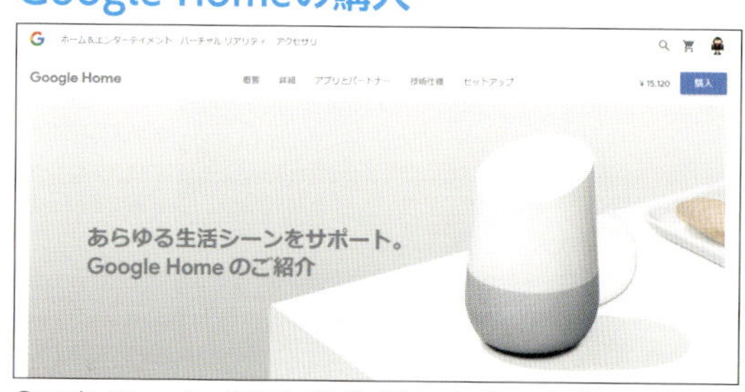

Google Homeは、直販サイトの「Google Store」（https://store.google.com/）のほか、家電量販店やオンラインショップなどでも購入できます。ただし、スマートスピーカー分野でライバル関係にあるAmazonでは取り扱っていません（2018年2月現在）。

Googleの多彩なサービスと連携が可能

音楽を聴き放題で楽しむ

OK Google、
音楽をかけて

4000万曲以上が聴き放題の「Google Play Music」で、手軽に音楽を楽しめます。月額980円の有料サービスですが、14日間は無料で試用できます。なお、音楽配信サービスは「Spotify」にも対応しています。

カレンダーなどの機能を使う

OK Google、
今日の予定は?

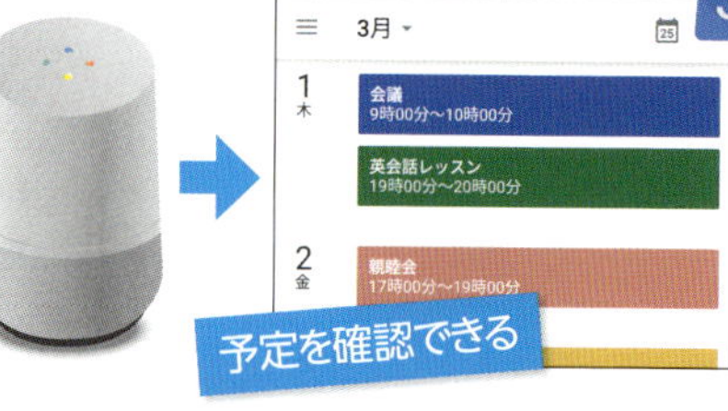

「今日の予定は？」「来週のスケジュールを教えて」などと話しかけるだけで、Googleカレンダーに登録した予定を確認できます。このほか、Web検索や翻訳、マップなど、Googleの各種サービスと連携が可能です。

外部サービスとの連携で機能を拡張できる

Google Homeは初期状態でも多くの機能を使えますが、目的に応じてさらに機能を追加することも可能です。「Actions on Google」というしくみを利用すると、外部の事業者が提供するさまざまなサービスと連携でき、もっと便利に使えるようになります。アプリをインストールするような手間は不要で、「○○○（サービス名）につないで」と話しかけるだけですぐに利用できます。また、「IFTTT（イフト）」で提供されている機能を追加すれば、より高度な操作が可能になります。

Google Homeに機能を追加する

Actions on Googleを利用する

さまざまな外部サービスと連携させることで、初期状態では対応していない多彩な機能を利用できるようになり、活用の幅がさらに広がります（詳しくは42ページ以降で解説）。

IFTTTを使えばさらに便利

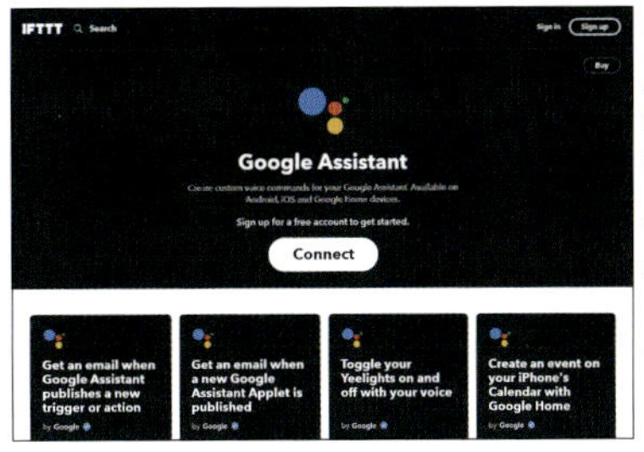

Actions on Googleには非対応のサービスでも、「IFTTT（イフト）」で提供されている機能（アプレット）を使えば利用できる場合もあります（詳しくは68ページ以降で解説）。

Google Homeで利用できる主な機能

標準機能でできること

- ニュースを聞く
- 天気を調べる
- 予定を確認する
- 目的地へのルートを検索
- タイマーやアラームを使う
- リマインダーを設定する
- 辞書や翻訳機能を使う
- 計算や単位換算を行う
- 買い物リストを作る
- 音楽を再生する

Actions on GoogleやIFTTTを使ってできること

- 飲食店の情報を探す
- 料理のレシピを検索する
- 英語を学習する
- メールを作成・送信する
- LINEでメッセージを送信する
- TwitterなどのSNSに投稿する
- カレンダーに予定を追加する
- ToDoリストを管理する
- 連絡先を追加する
- メモを作成してクラウドに保存する
- クイズや占いを楽しむ
- 環境音などのBGMを流す
- キャラクターのボイスと話す
- スマホの場所を探す
- 音声で家電を操作する

Point！ 「OK Google」にはどんな意味がある？

スマートスピーカーは常に電源を入れたままの状態で使用するので、動作を開始するための合図を音声で伝える必要があります。その合図となる語句を「起動ワード」または「ウェイクワード」といいます。Googleアシスタントの場合、「OK Google」または「ねえ Google」が起動ワードとして設定されています。Google Homeに話しかけるときは、これらのワードを先頭に付けて呼びかけましょう。

Attention!! 設定にはスマホかタブレットが必須

Google Homeを使い始めるときのセットアップや、あとから設定を変更するときは、Android版またはiOS版の「Google Home」アプリを使います。そのため、スマホかタブレットが必要となります。

家電やAV機器を操作できる機能もある

Google Homeを使うと、話しかけるだけで家電を操作することができます。たとえば照明の点灯や消灯、エアコンの温度調節といった操作が可能です。対応している家電はまだ少ないですが、非対応の製品でも、Googleアシスタント対応のスマートリモコンを経由すれば操作できる場合もあります。

また、ChromecastやChromecast Audioとの連携にも対応しています。音声で操作することにより、YouTubeなどの動画をテレビで視聴したり、好きなスピーカーで音楽を再生したりできます。

話しかけるだけで家電などを簡単に操作できる

照明のオン／オフなどの操作を行う

フィリップスの「Hue」など、Googleアシスタントに対応した照明なら、話しかけるだけで点灯や消灯、調光が可能です。また、スマートリモコンを使えば、一般的なテレビやエアコンなども操作できます。

Chromecastと連携させる

Chromecastは、テレビに接続することでスマホなどの動画をストリーミング再生できる機器です。Google Homeと連携させれば、音声で操作してYouTubeなどの動画を視聴できます。

Point！ スマートホームで未来感覚の暮らしを先取り

スマートホームとは、家電や住宅設備を情報機器と接続して制御できるようにした住居のことです。たとえば外出先から家電を操作する技術を利用すれば、帰宅前にエアコンをオンにしておくことができます。また、夜になったら自動的に照明を点灯したり、音声で玄関の鍵をかけたりすることも可能です。SF映画に出てくる家のようだと思うかもしれませんが、少しずつ実用化が進んでおり、日本でもすでにサービスを提供している企業もあります。

ここでは、Google Homeとの連携に対応したサービスを2つ紹介します。

au HOME
https://www.au.com/auhome/

家の外から家電をコントロールできるリモコンや、自宅にいる子どもやペットの様子を外出先から確認できるネットワークカメラなどの機器を提供。自宅にいるときは、Google Homeからリモコン経由で家電を操作できます。

インテリジェントホーム
https://www.intelligent-home.jp/

ホームゲートウェイとドア・窓センサーや家電コントローラーなどを組み合わせることで、本格的なスマートホームを実現できるサービスです。IFTTTを使ってGoogle Homeと連携させれば、音声でさまざまな操作が可能です。

● Google Homeと他社のスマートスピーカーの違い

すでに説明したように、スマートスピーカーにはGoogle Home以外にもさまざまな製品があります。現在日本で入手できる製品は、搭載する音声アシスタントによって3つのタイプに分類できますが、それぞれにメリットやデメリットがあります。製品を購入する前に、各タイプごとの特徴をしっかり把握して、自分の好みや使用目的に合うものを選ぶことが大切です。

以下の表にタイプ別の特徴をまとめたので、これから購入したい人はぜひ参考にしてください。

タイプ別のスマートスピーカーの比較

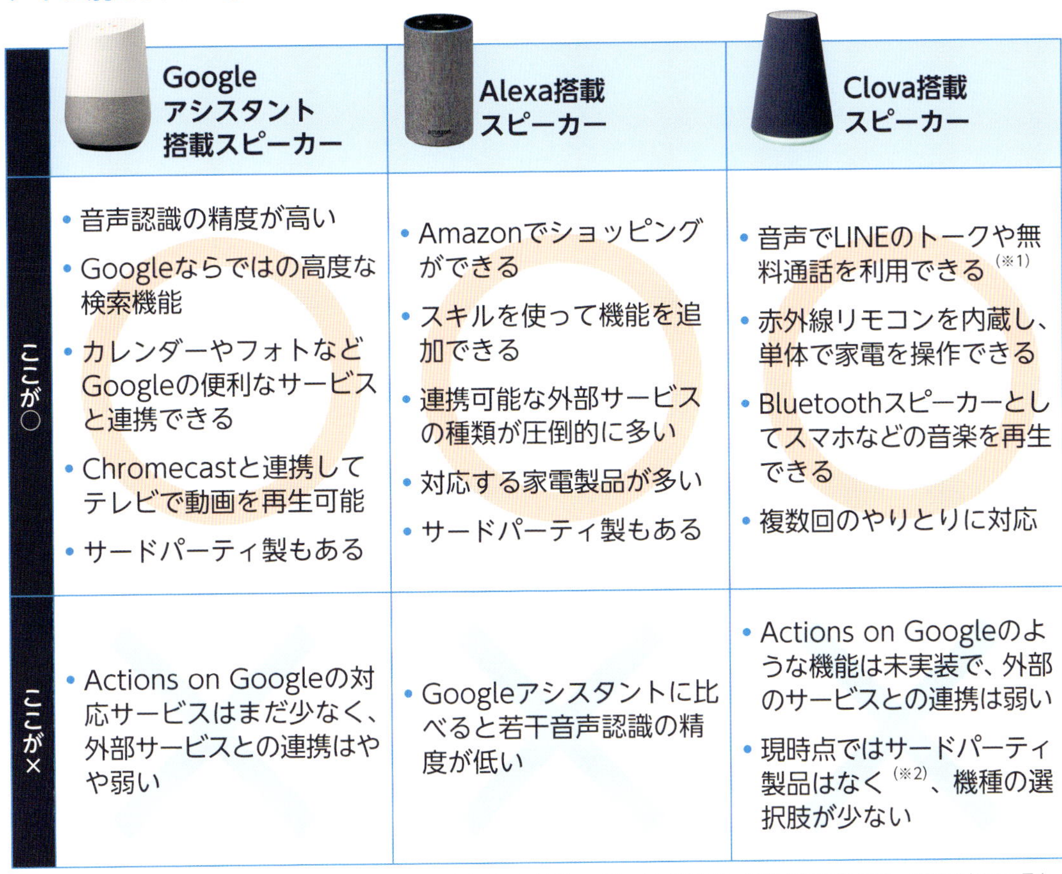

	Googleアシスタント搭載スピーカー	Alexa搭載スピーカー	Clova搭載スピーカー
ここが○	• 音声認識の精度が高い • Googleならではの高度な検索機能 • カレンダーやフォトなどGoogleの便利なサービスと連携できる • Chromecastと連携してテレビで動画を再生可能 • サードパーティ製もある	• Amazonでショッピングができる • スキルを使って機能を追加できる • 連携可能な外部サービスの種類が圧倒的に多い • 対応する家電製品が多い • サードパーティ製もある	• 音声でLINEのトークや無料通話を利用できる(※1) • 赤外線リモコンを内蔵し、単体で家電を操作できる • Bluetoothスピーカーとしてスマホなどの音楽を再生できる • 複数回のやりとりに対応
ここが×	• Actions on Googleの対応サービスはまだ少なく、外部サービスとの連携はやや弱い	• Googleアシスタントに比べると若干音声認識の精度が低い	• Actions on Googleのような機能は未実装で、外部のサービスとの連携は弱い • 現時点ではサードパーティ製品はなく(※2)、機種の選択肢が少ない

(※1) 無料通話は「Clova Friends」のみ対応。(※2) 2018年2月現在。今後は発売される予定。

Alexaのスキルと Actions on Googleの違い　Column

Amazon EchoなどのAlexa搭載スピーカーでは、スキルと呼ばれるデータを使って機能を追加することができます。Google HomeにおけるActions on Googleとよく似ていますが、スキルはスマホからアプリを使ってインストールする必要があり、多少手間がかかります。ただ、日本で使えるActions on Googleはまだ少ないですが、スキルは多くの種類があり、さまざまな外部サービスとの連携が可能です。その点ではAlexaのほうが有利だといえるでしょう。

Amazon Echoにスキルを追加するには、スマホ用の「Amazon Alexa」アプリを使ってインストールする必要があります。一方、Actions on Googleは話しかけるだけで追加でき、より手軽に利用できます。

音声アシスタントの種類別に主要なモデルを紹介

スマートスピーカーには どんな製品があるのか

スマートスピーカーには、Google Homeシリーズをはじめ、多くの機種があります。ここでは、搭載する音声アシスタントごとに分類して主要な製品を紹介します。

Googleアシスタント搭載のスマートスピーカー

まず、本書のテーマであるGoogleアシスタントを搭載したスマートスピーカーを紹介しましょう。

Googleが自ら開発・販売するGoogle Homeシリーズのほかに、サードパーティの製品もあります。サウンド面を重視したオーディオ機器メーカーの製品は、音楽再生を主な用途として考えているユーザーなら要チェックです。また、外出先でも使えるモバイル型のスピーカーもあります。

Google Home

Google製のスタンダードモデル

Googleが販売するスマートスピーカーの標準モデルです。「OK Google」と話しかけて操作するほか、上部のタッチ面に指で触れて音楽の一時停止や音量の調整などを行うこともできます。2インチのデュアルパッシブスピーカーを搭載し、Google Play Musicなどで音楽を楽しみたい人にも最適です。

SPEC●メーカー：Google●製品名：Google Home●実勢価格：1万5120円●音声アシスタント：Googleアシスタント●スピーカー：2インチ+パッシブラジエーター●インターフェイス：Wi-Fi(IEEE802.11b/g/n/ac・5GHz対応)／Bluetooth●対応プロファイル：不明●電源：ACアダプター●サイズ：96.4×142.8×96.4mm●重量：約477g●カラー：ホワイト

不思議な形状のサイズは郵便ハガキの後に隠れる程度で、ボディカラーはホワイト系の1色のみです。

ベースと呼ばれる下部のカバーは交換が可能で、別売のものが利用できます。脱着はマグネット式なので簡単です。

提供：Google

Google Home Mini

2台目以降にも適した小型モデル

コンパクトなサイズと手頃な価格が特徴のエントリーモデル。入門機としてはもちろん、複数の部屋に設置する場合の2台目以降としても適しています。スピーカーの性能は上位モデルのGoogle Homeに及びませんが、それ以外の機能は同等です。

SPEC●メーカー：Google●製品名：Google Home Mini●実勢価格：6480円●音声アシスタント：Googleアシスタント●スピーカー：40mm●インターフェイス：Wi-Fi(IEEE802.11a/b/g/n/ac・5GHz対応)／Bluetooth ver 4.1●対応プロファイル：不明●電源：ACアダプター／microUSB●サイズ：98×42×98mm●重量：約173g●カラー：チョーク／チャコール／コーラル

ボディカラーはグレー系の濃淡2色に加え、Google Store限定販売のコーラル（オレンジ系）も用意されています。

インテリアになじむデザインとコンパクトなサイズで、置き場所を選ばず使えます。

提供：Google

※対応プロファイルはBluetoothのプロファイルを指します。A2DPは高品質なオーディオデータ再生のためのプロファイルで、AVRCPとはリモコンで制御するためのプロファイルです。

Google Home Max

国内未発売

スマートサウンド搭載の最上位モデル

部屋の音響に合わせてイコライザの設定を自動調整し、バランスのよいサウンドを実現するスマートサウンド機能を搭載。2基の4.5インチウーファーで、迫力のある低音を楽しめます。Wi-FiとBluetoothに加え、ステレオミニプラグからの入力にも対応し、スマホやオーディオ機器の外部スピーカーとしても使用できます。

SPEC●メーカー：Google●製品名：Google Home Max●実勢価格：399ドル（国内未発売）●音声アシスタント：Googleアシスタント●スピーカー：114mmウーファー×2+18mmツイーター×2●インターフェイス：Wi-Fi（IEEE802.11b/g/n/ac・5GHz対応）／Bluetooth ver4.2／LINE-IN（ステレオミニ）／USB-C●対応プロファイル：不明●電源：ACアダプター●サイズ：336.6×190.0×154.4mm●重量：約5300g●カラー：チョーク／チャコール

インテリアに溶け込むシンプルなデザイン。カラーはグレー系の濃淡2色が用意されています。

横置き、縦置きの両方に対応しており、使う場所に合わせて設置方法を選べます。2台をワイヤレスでペアリングしてステレオ再生することも可能です。

提供：Google

ソニー／LF-S50G

広がりのある音と操作性のよさが魅力

フルレンジスピーカーとサブウーファーを上下に分離した対向配置2ウェイスピーカーシステムで、広がりのある360°サウンドを実現。防滴仕様でジェスチャーによるコントロールにも対応しているため、音声やスイッチでの操作ができない状況でも使えます。カバーを取り外して水洗いできる点も実用的です。

SPEC●メーカー：ソニー●製品名：LF-S50G●実勢価格：2万6870円●音声アシスタント：Googleアシスタント●スピーカー：48mmフルレンジ+53mmサブウーファー●インターフェイス：Wi-Fi（IEEE802.11a/b/g/n）／Bluetooth ver 4.2／NFC●対応プロファイル：A2DP／AVRCP●電源：ACアダプター●サイズ：110×162×110mm●重量：約750g●カラー：ホワイト／ブラック／ブルー

本体前面には時刻が常に表示されます。音楽などの音量は周囲の環境に応じて自動的に調整されます。

ボディカラーは3色で、撥水加工のスピーカーグリルのカバーは、取り外して洗浄が可能です。

スマートディスプレイにも注目

Column

音声アシスタントへの関心が高まるとともに、スピーカー以外の製品に搭載される例も増えてきました。特に最近注目されているのが、タッチパネル式の液晶画面を備えた「スマートディスプレイ」と呼ばれる製品です。検索した情報を画像や映像とともにチェックでき、YouTubeなどの動画も視聴できるといったメリットがあります。JBLやレノボ、ソニーなどがGoogleアシスタント搭載のスマートディスプレイを発表しており、近日中に発売される見通しです。

JBLが発表した、8インチ液晶搭載のスマートディスプレイ「LINK View」。2018年夏頃の発売予定です。

レノボが発表した「Lenovo Smart Display」。8インチと10インチの2機種が、2018年初夏に発売される予定です。

オンキョー／G3 VC-GX30

小型ながら迫力あるサウンドを実現

新設計のカスタムウーファーと高品質なソフトドーム型ツイーターの組み合わせにより、低域から高域までバランスのよいサウンドを楽しめるスピーカー。マイクに伝わる内部振動を抑制するフローティング構造を採用し、大音量で音楽を再生しているときに話しかけてもしっかり応答してくれるのも特徴です。

SPEC●メーカー：オンキヨー●製品名：G3 VC-GX30●実勢価格：2万6870円●音声アシスタント：Googleアシスタント●スピーカー：20mmツイーター+80mmウーファー●インターフェイス：Wi-Fi(IEEE802.11a/b/g/n/ac・5GHz対応)／Bluetooth ver 4.2●対応プロファイル：A2DP●電源：AC●サイズ：120×168×123mm●重量：約1800g●カラー：ブラック／ホワイト

スピーカーらしいオーソドックスなデザイン。共鳴を抑える筐体設計で、クリアな音質を実現しています。

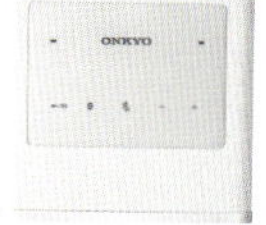

上面には、音量や再生コントロールなどのボタン類が装備されています。

JBL LINK 20

バッテリー内蔵でアウトドアでも使える

約10時間の音楽再生が可能なリチウムイオンバッテリーを搭載し、自宅だけでなく旅行先やアウトドアでも活用できます。IPX7対応の防水仕様で、キッチンや浴室、水辺のレジャーでも安心して使えます。50mmフルレンジスピーカーを2基搭載し、コンパクトながらパワフルなサウンドを楽しめます。

SPEC●メーカー：ハーマンインターナショナル●製品名：JBL LINK 20●実勢価格：2万1470円●音声アシスタント：Googleアシスタント●スピーカー：50mmフルレンジ×2●インターフェイス：Wi-Fi／Bluetooth ver 4.2●対応プロファイル：不明●電源：ACアダプター／USB／内蔵充電池●サイズ：93×210×93mm●重量：約950g●カラー：ブラック／ホワイト

円筒形のラウンドデザインを採用。360°どこからでも、スムーズに音声コントロールが可能です。

再生／一時停止や音量調節などのボタン類を上面に搭載。状態を示すLEDランプも、見やすい位置にあります。

JBL LINK 10

よりコンパクトで持ち運びに便利

45mmフルレンジスピーカーを2基搭載した、JBL LINKのエントリーモデル。内蔵バッテリーで約5時間の音楽再生が可能です。

SPEC●メーカー：ハーマンインターナショナル●製品名：JBL LINK 10●実勢価格：1万6070円●音声アシスタント：Googleアシスタント●スピーカー：45mmフルレンジ×2●インターフェイス：Wi-Fi／Bluetooth ver 4.2●対応プロファイル：不明●電源：USB／内蔵充電池●サイズ：86×169×86mm●重量：約710g●カラー：ブラック／ホワイト

上位モデルの「LINK 20」とデザインは共通ですが、ひと回り小さいボディサイズになっています。

Column 今後もさらに多くの製品が登場!?

Googleアシスタント搭載のスマートスピーカーは、これから参入する予定のメーカーも多く、国内で購入できる機種もさらに増えることが期待できます。

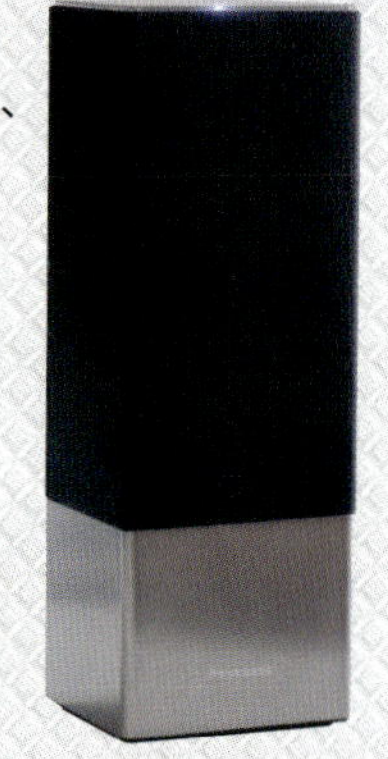

パナソニックが発表した、Googleアシスタント搭載のHi-Fiスピーカー「SC-GA10」。海外では2018年前半に発売予定ですが、日本での発売は未定です。

Alexa搭載のスマートスピーカー

次に、Googleアシスタントと並んで人気の高い、Alexa搭載のスマートスピーカーを紹介します。純正のAmazon Echoシリーズのほか、サードパーティからも多数の製品が登場しています。ここでは、国内で入手できるものを中心に、代表的な製品をピックアップしました。

Amazon Echo

Alexa搭載のスタンダードモデル

Amazon Echoシリーズのうち、中位にあたるモデルです。現行モデルは第2世代ですが、日本で発売される製品としては最初のモデルです。シリーズ共通の遠隔音声認識技術に加え、上部に7つのマイクアレイを搭載しているので、部屋の中の離れた場所や騒がしい場所でも声を聞き取ってくれます。

SPEC●メーカー：Amazon●製品名：Echo●実勢価格：1万1980円●音声アシスタント：Alexa●スピーカー：63.5mmウーファー+16mmツイーター●インターフェイス：Wi-Fi（IEEE802.11a/b/g/n・5GHz対応）／Bluetooth（外部スピーカー対応）／LINE-OUT（ステレオミニ）●対応プロファイル：A2DP／AVRCP●電源：ACアダプター●サイズ：88×148×88mm●重量：約821g●カラー：サンドストーン／チャコール／ヘザーグレー

通常の操作は音声で指示して行いますが、上部に音量やマイクなどのボタンも装備されています。

側面のカラーは3色から選べます。落ち着いた色合いとファブリック素材が、インテリアにマッチします。

Amazon Echo Dot

コンパクトさとお手頃価格が魅力

Amazon Echoシリーズのエントリー向けモデルです。スピーカーのサイズや性能は上位モデルには及びませんが、それ以外の機能はAmazon Echoと同等です。コンパクトで場所をとらないので、狭いスペースに設置したい場合や、2台目以降のEchoとしても最適です。手頃な価格も魅力です。

SPEC●メーカー：Amazon●製品名：Echo Dot●実勢価格：5980円●音声アシスタント：Alexa●スピーカー：0.6インチ●インターフェイス：Wi-Fi（IEEE802.11a/b/g/n・5GHz対応）／Bluetooth（外部スピーカー対応）／LINE-OUT（ステレオミニ）●対応プロファイル：A2DP／AVRCP●電源：ACアダプター／microUSB●サイズ：84×32×84mm●重量：約163g●カラー：ブラック／ホワイト

背丈の低いコンパクトなボディが特徴です。電源はUSBなので、モバイルバッテリーとつないで外出先に持ち出して使うことも可能です。

カラーはブラックとホワイトの2色で、メタリックな質感の仕上げになっています。

Point！ 海外のみで販売されているモデルもある

Amazon Echoシリーズには、国内未発売のモデルもあります。ディスプレイを備えた「Amazon Echo Show」や「Amazon Echo Spot」、カメラを搭載した「Amazon Echo Look」など、ユニークな製品が揃っています。日本での発売も期待されていますが、残念ながら未定です。

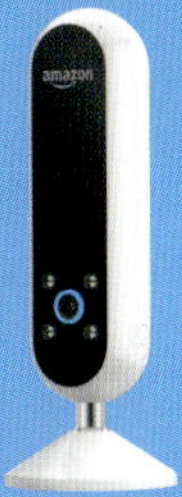

写真は左が「Amazon Echo Show」、右が「Amazon Echo Look」。いずれも日本での発売は未定です。

Amazon Echo Plus

スマートホームハブ内蔵の上位モデル

Amazon Echoシリーズの3機種の中で最上位のモデルです。スマートホームハブ機能を内蔵しており、「デバイスを探して」と話しかけるだけでAlexa対応の家電などが自動検出され、簡単に設定を行えます。スピーカー部分の性能もシリーズ最上位となっています。

SPEC●メーカー：Amazon●製品名：Echo Plus●実勢価格：1万7980円●音声アシスタント：Alexa●スピーカー：63.5mmウーファー+20mmツイーター●インターフェイス：Wi-Fi（IEEE802.11a/b/g/n・5GHz対応）／Bluetooth（外部スピーカー対応）／LINE-OUT（ステレオミニ）●対応プロファイル：A2DP／AVRCP●電源：ACアダプター●サイズ：84×235×84mm●重量：約954g●カラー：ブラック／シルバー／ホワイト

中位モデルの無印Echoよりひとまわり細く、高さがあるので、かなり細長い印象を与えます。

ボディは3色から選択可能です。どれも落ち着いた色合いのメタリックな仕上がりです。

オンキョー／P3 VC-PX30

豊かな音質のデュアルスピーカー

デュアル2.5インチフルレンジウーファーとデュアルパッシブラジエーターを搭載。2台をペアモードで使うと、さらに広がりのある音を楽しめます。

SPEC●メーカー：オンキヨー●製品名：P3 VC-PX30●実勢価格：3万2184円●音声アシスタント：Alexa●スピーカー：64mmフルレンジ×2+パッシブラジエーター×2●インターフェイス：Wi-Fi／LINE-OUT●電源：ACアダプター●サイズ：166.7×201.5×106mm●重量：約1600g●カラー：ブラック

オーバル型の本体の内部には2セットのフルレンジスピーカーとパッシブラジエーターを搭載しています。

Harman Kardon Allure

スケルトンボディと迫力あるサウンド

3基のフルレンジドライバーと大口径のサブウーファーによる迫力のサウンド。高性能なマイクで、スムーズな音声操作が可能です。

SPEC●メーカー：ハーマンインターナショナル●製品名：Harman Kardon Allure●実勢価格：2万6870円●音声アシスタント：Alexa●スピーカー：38mmフルレンジ×3+90mmサブウーファー●インターフェイス：Wi-Fi／Bluetooth ver 4.2／LINE-IN●対応プロファイル：A2DP／AVRCP●電源：ACアダプター●サイズ：166×193×166mm●重量：約2500g●カラー：ブラック

透明感のある素材を採用した、インテリア性の高いデザインも特徴です。

Anker Eufy Genie

コンパクトサイズの低価格モデル

Amazon Echo Dotとよく似たタイプの製品。Bluetoothに非対応な点など機能は控えめですが、手頃な価格が魅力です。

Echo Dotよりはやや大きめですが、コンパクトなサイズで、狭い場所にも設置できます。

SPEC●メーカー：Anker●製品名：Eufy Genie●実勢価格：4980円●音声アシスタント：Alexa●スピーカー：不明（2ワット／モノラル）●インターフェイス：Wi-Fi（2.4GHzのみ）／LINE-OUT●電源：ACアダプター●サイズ：89×48×89mm●重量：約258g●カラー：ブラック

音質を重視して製品を選ぶなら ●●● Column

サードパーティ製のAlexa搭載スピーカーは、オーディオ機器メーカーが手掛けたものを中心に、音質を重視した製品が多いのが特徴です。クオリティの高いサウンドで音楽を楽しみたい人には魅力的なラインナップといえるでしょう。一方、Amazon Echoシリーズは、3機種ともオーディオケーブルまたはBluetoothで外部スピーカーを接続することができます。すでに高音質なスピーカーを持っている場合、この方法で有効に活用することが可能です。

Clova搭載のスマートスピーカー

「Clova」はコミュニケーションアプリでおなじみのLINEが開発した音声アシスタントです。Clova搭載のスマートスピーカーには、「Clova WAVE」と「Clova Friends」の2種類があります。ここでは、それぞれの特徴をチェックしておきましょう。

なお、執筆時点（2018年2月下旬）ではサードパーティの製品はありませんが、今後発売される予定とのことです。

Clova WAVE

シンプルなデザインのベーシックモデル

Clova搭載のスマートスピーカーとして最初に発売されたモデルです。音声だけでLINEのメッセージを送受信でき、赤外線リモコン機能で家電を操作することも可能です。音質も優れており、Bluetooth接続の外部スピーカーとしても利用できます。バッテリーを内蔵しているので、電源のない場所でも使えて便利です。

SPEC●メーカー：LINE●製品名：Clova WAVE●実勢価格：1万4000円●音声アシスタント：Clova●スピーカー：1インチツイーター×2+2.5インチウーファー●インターフェイス：Wi-Fi（IEEE802.11b/g/n）／Bluetooth ver 4.1●対応プロファイル：不明●電源：ACアダプター／内蔵充電池●サイズ：86.25×201.05×139.84mm●重量：約998g●カラー：ネイビー

安定感のある末広がりのデザイン。ユーザーの声に反応すると、下部のランプが緑色に点灯します。

上部には、音楽の一時停止や音量調節用のボタンが配置されています。

Clova Friends

ポップなデザインで楽しく使える

LINEでおなじみのキャラクター、ブラウンとサリーをモチーフにしたキュートなデザイン。音楽再生や占いなどの機能を気軽に楽しめます。LINEのメッセージを送受信でき、2018年2月のアップデートで無料通話の発信に加えて受信も可能になりました。バッテリーを内蔵し、小型・軽量なので、持ち運びにも便利です。

SPEC●メーカー：LINE●製品名：Clova Friends●実勢価格：8640円●音声アシスタント：Clova●スピーカー：45mmフルレンジ+60×45mmパッシブラジエーター●インターフェイス：Wi-Fi（IEEE802.11a/b/g/n・5GHz対応）／Bluetooth ver 4.2●対応プロファイル：不明●電源：ACアダプター／内蔵充電池●サイズ：72×166/170.3×72mm●重量：約378g●カラー：ブラウン／サリー

LINEでおなじみのキャラクター「ブラウン」をモチーフにしたモデルです。耳の分だけわずかに高さが高くなっています。

こちらは「サリー」をモチーフにしたモデルです。外見以外の性能や仕様はブラウンと共通です。

Point!

ディスプレイ搭載モデルにも期待

2017年3月にLINEが最初にClovaの開発を発表したとき、参考公開としてお披露目された製品が「Clova FACE」です。ディスプレイを搭載し、キャラクターの表情なども表示できるとされていますが、現時点では発売日や詳しいスペックは未発表です。

SPEC●メーカー：LINE●製品名：Clova FACE●音声アシスタント：Clova　※そのほかのスペックは未発表

その他の音声アシスタント搭載のスマートスピーカー

スマートスピーカーの中でも注目度の高い製品のひとつが、AppleのSiriを搭載した「HomePod」です。米国など一部の国では2018年2月上旬に発売され、日本でも発売が待たれています。

このほか、Microsoftの「Cortana」を搭載したスマートスピーカーもあります。

Apple HomePod

国内未発売

上質のサウンドでApple Musicを楽しめる

ビームフォーミングに対応した7基のツイーターを搭載し、設置場所の環境を自動的に検知して、最適なサウンドを再生します。高度なエコーキャンセレーション技術を備えた6基のマイクで、大音量で音楽を聴いているときでも音声操作が可能です。iPhoneを近づけるだけで簡単にセットアップできるのも特徴です。

SPEC●メーカー：Apple●製品名：HomePod●実勢価格：349ドル●音声アシスタント：Siri●スピーカー：ツイーター×7+ウーファー●インターフェイス：Wi-Fi(IEEE 802.11a/b/g/n/ac)/Bluetooth ver 5.0●対応プロファイル：不明●電源：不明●サイズ：142×172×142mm●重量：約2500g●カラー：ホワイト／スペースグレイ

極限までシンプルなデザインのボディに、高性能なスピーカーを内蔵。上部にはタッチパネルを搭載しています。

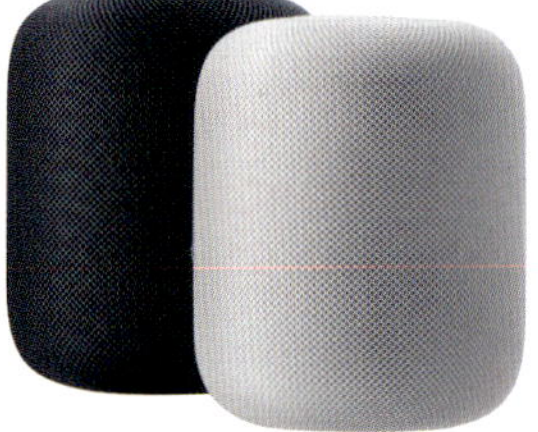

ボディカラーは、Appleの他の製品でもおなじみのホワイトとスペースグレイの2色です。

Harman Kardon Invoke

国内未発売

Cortana搭載のスピーカー

Miceosoftの「Cortana」を採用したモデルです。サウンド面でもかなり高性能な製品です。

SPEC●メーカー：ハーマンインターナショナル●製品名：Harman Kardon Invoke●実勢価格：199ドル(国内未発売)●音声アシスタント：Cortna●スピーカー：13mmツイーター×3+45mmウーファー×3●インターフェイス：Wi-Fi(IEEE802.11b/g/n/ac・5GHz対応)／Bluetooth ver 4.1●対応プロファイル：不明●電源：ACアダプター●サイズ：107×242×107mm●重量：約1000g●カラー：ブラック／シルバー

スリムな筒状のボディは、メタリックな質感のクールなデザインに仕上がっています。

Point！ CortanaとAlexaの連携が実現!?

Windows 10でおなじみのCortanaですが、スマートスピーカーの世界では影の薄い存在です。しかし、2017年8月に「CortanaとAlexaを連携させ、相互に呼び出し可能にする」という計画がMicrosoftとAmazonの両社から発表されました。当初の予定では2017年のうちに実現するはずでしたが、計画は遅れているようで、いまだに実現していません。一方で、この計画とは関係なく、複数のメーカーがAlexaを搭載したパソコンを近日中に発売すると発表しています。今後の動向が気になるところです。

海外限定モデルは日本国内でも使える？

Column

ここまでのページで紹介してきたように、スマートスピーカーには日本で発売されていない機種もたくさんあります。そういった製品も海外のネットショップなどで購入することは可能ですが、日本国内で問題なく使えるかどうかはケースバイケースです。たとえばAmazon Echoの旧モデル(第1世代)は、言語の設定を日本語に変更することができません(第2世代では解消されています)。また、機種によっては技適マークが付いておらず、国内での使用は違法になる場合があります。やはり日本で正式に販売されているモデルを購入したほうが安心だといえるでしょう。

Chapter 2

Google Homeを使ってみよう

Google Homeを入手したら、アプリを使ってセットアップして、早速使ってみましょう。この章では、基本的な操作を紹介しています。まずは天気やニュースなどの情報をGoogle Homeで調べてみます。それから、アラームやタイマー、そして音楽再生も試してみましょう。とても簡単に使えるはずです。この章の内容をマスターすれば、日常生活にGoogle Homeがなじんでくるはずです。

提供：Google

「OK Google」ができるように準備しよう

Google Homeを使うための準備

Google Homeを使い始めるために、まず初期設定を行いましょう。iOS版またはAndroid版の「Google Home」アプリを使って簡単に設定できます。

スマホ用のアプリを使って初期設定を行う

Google Homeを使える状態にするために、最初にセットアップを行います。設定には「Google Home」アプリが必要なので、あらかじめスマホにインストールしておきましょう。Google Homeの電源をオンにしてからスマホでアプリを起動すると、自動的に検出され、設定を開始できます。なお、ここではiOS版アプリを例に説明しますが、Android版でも同様の手順で設定を進められます。

Android

iOS

「Google Home」アプリでセットアップを開始

1 Google Homeの電源をオンにする

Google Homeに付属の電源アダプターを接続し、コンセントにつなぎます。電源がオンになると本体上面のLEDが点灯し、しばらく待つと音声ガイダンスが流れます。

2 アプリを起動してログインする

ログイン

メールアドレスまたは電話番号

anzujam@gmail.com

その他の設定　次へ

「Google Home」アプリをスマホで起動し、右下の「使ってみる」をタップして、Googleアカウントでログインします。すでにスマホで使っているGoogleアカウントがあれば、一覧から選択することもできます。

3 Google Homeが自動検出される

GoogleHome1059 が見つかりました

このデバイスをセットアップしますか？

anzujam@gmail.com を使用して、このデバイスをセットアップします

後で

デバイスの検出が開始され、しばらく待つと「見つかりました」と表示されるので、右下の「次へ」をタップします。

Point!

Google Home Miniでも手順は同じ

Google Home Miniの場合も、まず電源アダプターを接続して電源をオンにしましょう。そのあとの手順はGoogle Homeと同じです。以降のページで紹介する機能も、特に断りのない限り、Google Home Miniでも同様に利用できます。

Column

「Googleアシスタント」もインストールしておこう

Google Homeでは、一部の機能で「Googleアシスタント」アプリが必要なので、こちらもスマホにインストールしておきましょう。特にiPhoneの場合は必須となっています。

Android　iOS

4 音が聞こえるか確認する

Google Homeから音が鳴り、アプリの画面に「音は聞こえましたか？」と表示されます。問題なく聞こえたら「はい」をタップします。

5 Google Homeを使う場所を選択

Google Homeを設置している場所を選択肢一覧から選択します。複数のGoogle Homeを自宅内に設置しているときに、デバイスを識別するために必要です。

6 Wi-Fiネットワークを選択する

Wi-Fiの設定が表示されるので、スマホを接続しているのと同じWi-Fiネットワークを選択します。続いて表示される画面でパスワードを入力しましょう。

7 マイクへのアクセスを許可する

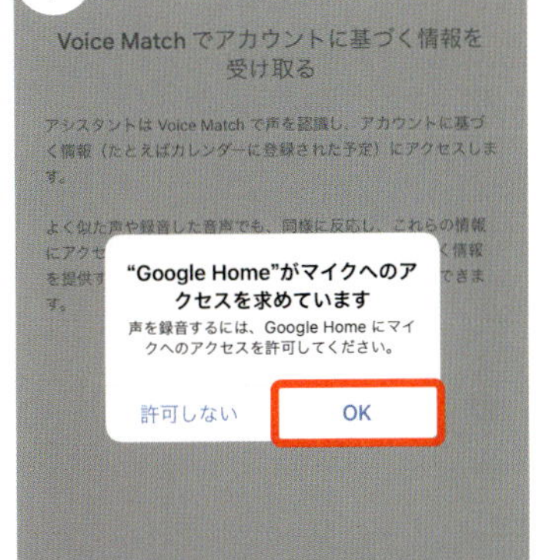

iPhoneの場合、マイクへのアクセス許可を求めるダイアログが表示されるので「OK」をタップします。許可しないと声を認識させることができません。

8 自分の声を認識させる

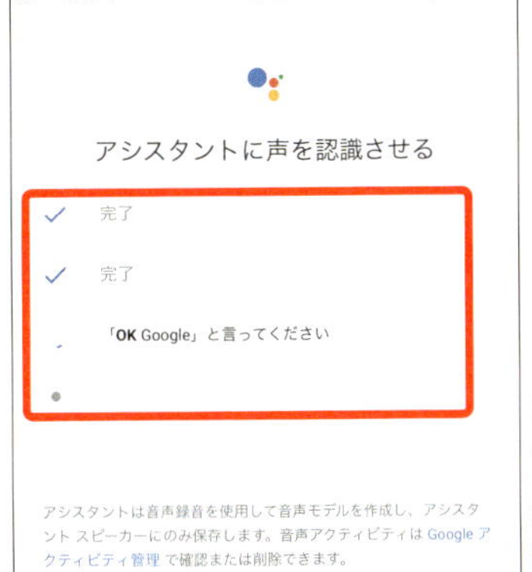

「OK Google」と「ねえ Google」を2回繰り返して声を認識させます。画面の指示にしたがって声を出して認識作業を進めます。

9 位置情報の利用を選択する

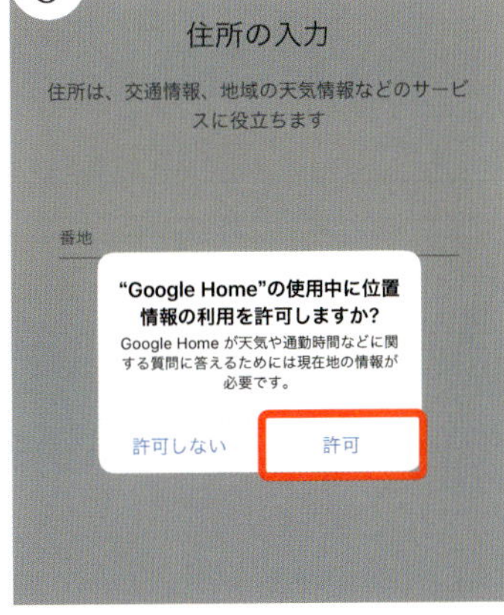

自宅の天気予報など位置情報が必要な操作をする場合は、位置情報の利用許可が必要ですので、許可を求めるダイアログが表示されたら「許可」をタップします。

Point！ 2台目以降のGoogle Homeをセットアップする

リビングではGoogle Home、寝室ではGoogle Home Miniというように、複数のデバイスを使い分けたい人もいるでしょう。その場合は、すべてのデバイスを「Google Home」アプリに追加してセットアップを行う必要があります。

1台目を登録したときと同様に、Google Homeの電源をオンにします。すると「Google Home」アプリで自動検出され、「1デバイスが見つかりました」と表示されるので、「設定」をタップします。あとは1台目と同様にセットアップを行いましょう。

音楽サービスのアカウントを設定する

設定をさらに進めると、音楽サービスの追加画面が表示されます。「Google Play Music」は有料サービスですが、無料のトライアル期間が用意されています。また、「Spotify」には無料で利用できるプランがあります。興味があれば、ぜひ登録しましょう。なお、音楽サービスは「うたパス」にも対応していますが、利用する場合はあとから設定を行う必要があります（34ページ参照）。

Google Play Musicのトライアルを有効にする

1 Google Play Musicを追加する

音楽サービスの追加画面で、「Google Play Music」の右にある「+」をタップします。なお、すでにGoogle Play Musicにユーザー登録している場合は「定期購入は有効です」と表示され、特に設定しなくても利用することができます。

2 確認ダイアログで「OK」をタップ

無料トライアルに関する説明が表示されるので、内容を確認して「OK」をタップします。

Spotifyのアカウントを連携する

1 Spotifyを追加する

音楽サービスの追加画面で、「Spotify」の右にある「+」をタップします。

2 アカウントのリンクを承認する

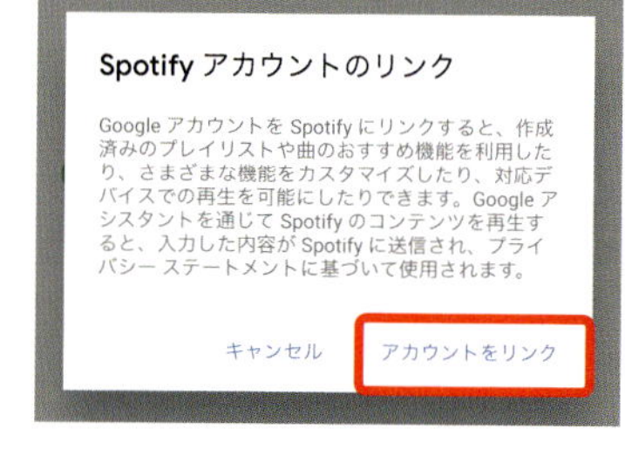

Spotifyとのアカウントリンクを確認するダイアログが表示されます。「アカウントをリンク」をタップして設定を進めます。

3 Spofifyにログインする

Spotifyのアカウントを入力し、「ログイン」をタップします。なお、アカウントを持っていない場合は、ブラウザで「https://www.spotify.com」にアクセスしてアカウントを作成しましょう。

音楽サービスはあとで設定してもよい　Column

利用する音楽サービスを決めていない場合など、あとでゆっくり設定したいという人もいるでしょう。そんなときは、「後で」をタップして設定を省略することが可能です。なお、あとから音楽サービスを追加する方法は34ページで説明します。

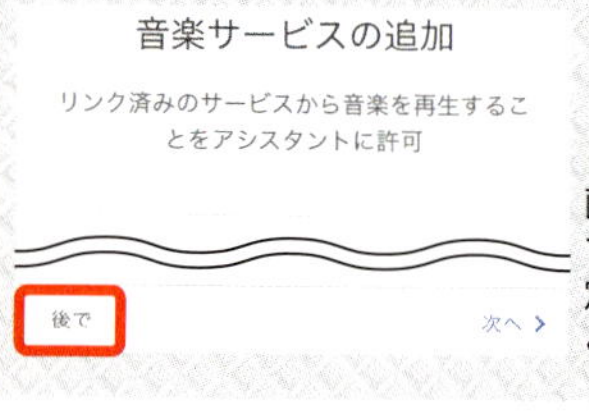

「音楽サービスの追加」画面の左下にある「後で」をタップすると、設定を省略して次へ進むことができます。

Google Homeを複数のユーザーが使えるようにする

Google Homeは、1台に6人までのユーザーを登録できます。「Voice Match」という機能を利用することで、複数のユーザーを登録した場合でも誰が話しかけているのか識別でき、最適な応答を返します。たとえば予定を問い合わせた場合、そのユーザーのカレンダーに登録されている情報だけを教えてくれるのです。登録するには、それぞれのユーザーのGoogleアカウントが必要です。Googleアカウントを持っていない場合は、あらかじめ作成しておくとスムーズに設定を進められます。

ほかのユーザーをGoogle Homeに追加する

1 追加するユーザーのアカウントを選択

「Google Home」アプリで、左上の「≡」、→「▼」→「アカウントを管理」→「アカウントを追加」をタップし、追加したいGoogleアカウントでログインします。なお、登録済みのアカウントがある場合は一覧から選択して追加できます。

2 デバイス画面を開く

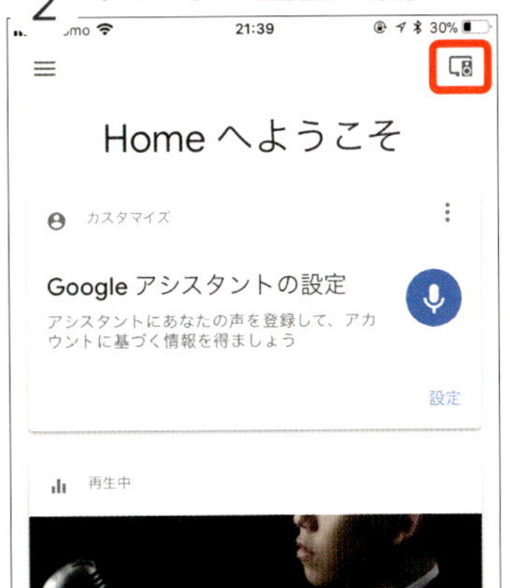

「Homeへようこそ」画面が表示されるので、右上の「デバイス」アイコンをタップします。

3 アカウントのリンクを開始

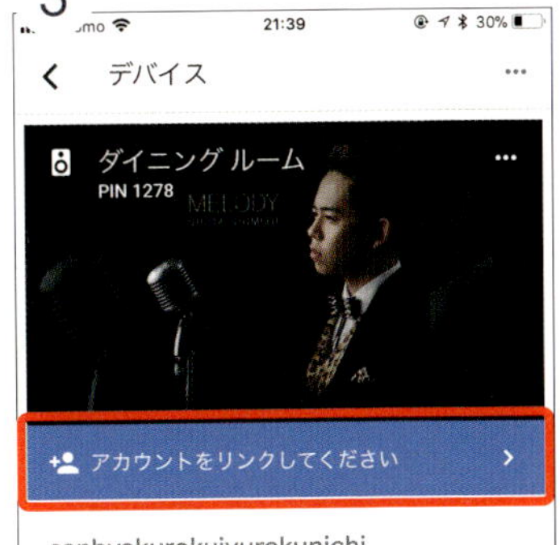

「デバイス」画面が表示されるので、「アカウントをリンクしてください」をタップします。

4 話しかけて声を認識させる

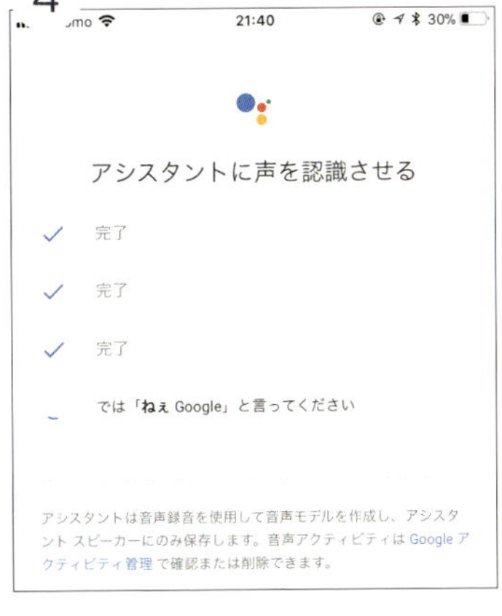

声を認識させるために画面の指示にしたがって「OK Google」と「ねえ Google」を2回ずつ話しかけます。

Point！ ゲストモードで友達にキャストしてもらう

自宅に友達が遊びにきたとき、その人のスマホに保存されている音楽をGoogle Homeで再生させてあげたい、といったケースもあるでしょう。そんなときは「ゲストモード」を利用すると便利です。まず自分のスマホで、右記のような手順でゲストモードをオンにします。そうすれば、友達のスマホからキャスト機能（37ページ参照）を使って音楽を再生できます。

「Google Home」アプリで、画面右上の「キャスト」アイコンをタップします。Google Homeの名前の右にある「…」→「ゲストモード」をタップし、表示される画面でゲストモードをオンにします。

2-2

音声だけでなくタッチによる操作にも対応

Google Homeの基本操作を覚えよう

Google Homeは、頼みたいことを音声でリクエストする以外に、本体の各部に手で触れて操作することも可能です。基本的な操作方法を覚えておきましょう。

再生／一時停止や音量調整などの操作が可能

Google Homeでは、ほとんどの操作を話しかけるだけで行うことが可能です。しかし、本体が近くにあるときなど、手で触れて操作したほうが早い場合もあるでしょう。また、マイクのミュートなど、本体のボタン（スイッチ）のみで実行できる機能もあります。Google Home（無印）とGoogle Home Miniでは操作方法が異なるので、機種ごとに分けて説明します。

Google Homeの本体を操作する

1 音声リクエストを開始する

本体上部を長押しすると、LEDが4色に点灯し、リクエストを受け付け可能な状態になります。これは「OK Google」と話しかけたときと同じ状態です。

2 音量を上げる

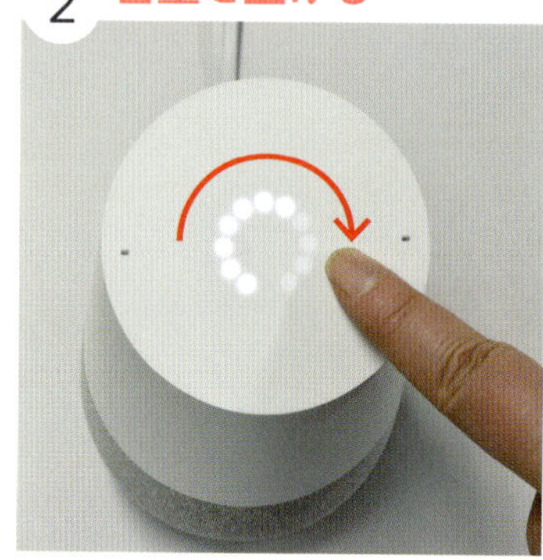

本体上部を時計回りに円を描くようにスワイプする（指でなぞる）と、音量が大きくなります。このとき、音量を示す数のLEDが点灯します。

3 音量を下げる

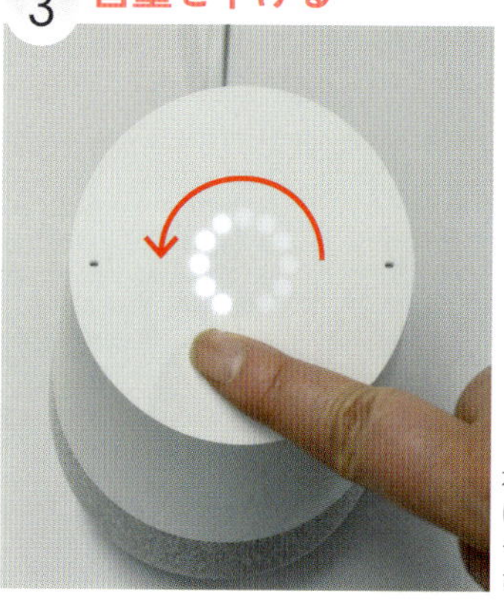

本体上部を反時計回りに円を描くようにスワイプすると、音量が小さくなります。

Point！ 音量の調整について詳しく知っておこう

音量レベルは、0～10の11段階で調整できます。0にした場合、音楽やニュースの読み上げなどはミュート（消音）されますが、音声アシスタントは最小の音量で応答します。なお、アラームとタイマーの音量は、タッチ操作では調整できません。音声でリクエストして調整するか、「Google Home」アプリで設定しましょう。

Column 電源をオフにしたいときはケーブルを抜く

Google HomeやGoogle Home Miniには、電源スイッチは搭載されていません。通常、電源は入れたままで問題ありませんが、オフにする必要があるときは電源ケーブルを抜きましょう。また、子どもや来客に使われたくない場合や、テレビの音に反応してしまう場合など、周囲の音声を聞き取られたくないときはマイクをミュートにしておきましょう。

4 一時停止または終了する

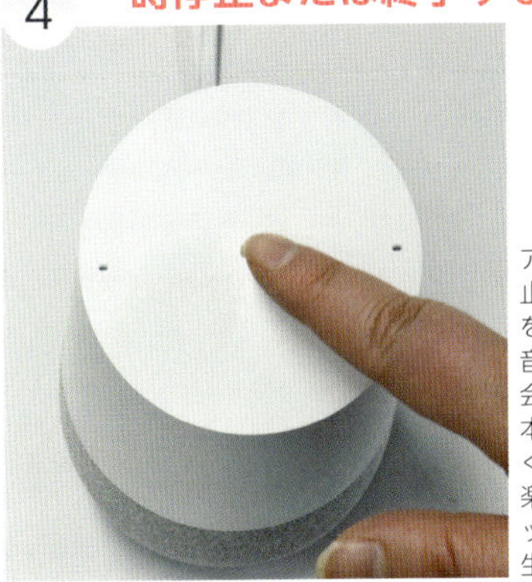

アラームやタイマーを止めたいときや、音楽を一時停止したいとき、音声アシスタントとの会話を終了するときは、本体上部をタップ（軽く触れる）します。音楽の場合、もう一度タップすれば続きから再生できます。

5 マイクをミュートする

本体の背面にあるマイクミュートボタンを押すと、音声の認識や応答をオフにできます。ミュート状態のときは上部にオレンジ色のLEDが4つ点灯します。解除したいときは、もう一度ボタンを押しましょう。

Google Home Miniの本体を操作する

1 音量を調整する

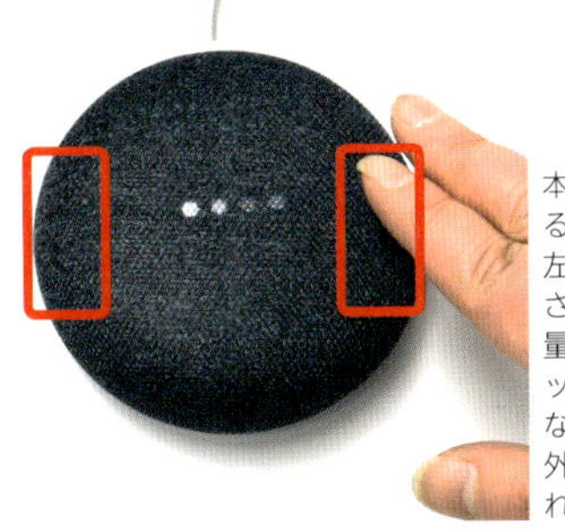

本体の右側をタップすると音量が大きくなり、左側をタップすると小さくなります。最大音量から10回続けてタップすると音量が0になり、アシスタント以外の音声はミュートされます。

2 マイクをミュートする

本体の底面近くにあるスイッチで、マイクのオン／オフを切り替えます。ミュート状態のときは、スイッチがオレンジ色で表示されます。また、上部のLED4つが赤く点灯します。

Point！ Google Home Miniで最近変更された操作

以前はGoogle Home Miniの上部を長押しすると音声リクエストを開始できましたが、誤操作が多かったため、この機能は廃止されました。そのため、リクエストを開始するときは必ず声で呼びかける必要があります。一方、最近のアップデートで、本体の左右どちらかの側面をタッチし続けると再生／一時停止ができるようになりました。

本体の左または右の側面に2～3秒程度タッチしたままにすると、音楽の再生／一時停止やアラームなどの停止が可能です。

Column Google Homeのデータを初期化する

Google Homeを他人に譲渡するときなど、出荷時の状態に戻したい場合は、データの初期化（FDR）を行います。この処理は、音声やアプリからの操作ではなく、本体を操作して行う必要があります。実行後はデータや設定がすべて消えてしまうので注意してください。

Google Homeの場合、マイクミュートボタンを約12秒押し続けると、音声で確認が行われたあとで初期化が開始されます。

Google Home Miniの場合、底面にあるFDRボタン（小さなオレンジ色のボタン）を約12秒押し続けます。

2-3

簡単な質問で音声操作の基本を覚えよう

Google Homeに話しかけてみよう

Google Homeの設定が終わり、基本操作を覚えたら実際にGoogle Homeに話しかけてみましょう。いつでも使える秘書のようにあれこれ答えてくれます。

音声でやりとりするための方法をマスター

Google Homeの最大の特徴は、話しかけるだけで豊富な機能を使えることです。まずは簡単な質問から始めて、使い方の基本を覚えましょう。

Google Homeに何かを問いかけたり、頼んだりしたいときは、先頭に「OK Google」または「ねえ Google」を付けて話しかけます。ここでは例として「今日は何の日？」と質問してみましょう。すると、音声アシスタントが答えてくれます。音量を調整したいときや、途中で停止したい場合も、音声だけで操作が可能です。

「OK Google」に続けて話しかけてみよう

1 Google Homeに質問する

OK Google、今日は何の日

2月28日、1984年のこの日……（その日の出来事を説明）

「OK Google」または「ねえ Google」と呼びかけると、音声を聞き取り可能な状態になり、質問などに答えてくれます。「今日は何の日？」はその日に起こった出来事を調べるための音声コマンドで、雑学的な知識として楽しめます。

2 音量を調整する

OK Google、音量を下げて

音量を変更したい場合は「音量を上げて」または「音量を下げて」と話しかけます。「音声を25%上げて」「音量を50%にして」などと頼むこともできます。

3 一時停止する

OK Google、ストップ

音声が流れている途中で一時停止したい場合は、「OK Google、ストップ」または「OK Google、やめて」と話しかけます。「OK Google、続けて」と頼めば続きを聞くことができます。

Point！ LEDの点灯で状態を確認する

Google Homeが「OK Google」などの起動ワードを聞き取ると、本体の上部にあるLEDが点灯し、待機状態であることがわかります。「OK Google」のあとで少し間が空いてしまっても、LEDが点灯している状態なら、そのまま質問やリクエストを話しかければ聞き取ってくれます。

Google Homeの場合、リクエストを聞き取り可能なときは4色のLEDが点灯します。この状態なら、「OK Google」を付けずに話しかけても受け付けてくれます。

Google Home Miniの場合は、このように4つのLEDが白色で点灯します。

こんな使い方も覚えておくと便利

Google Homeで意外と便利なのが、現在の時刻を教えてもらう機能です。また、「今日はどんな日？」と質問すれば、その日の天気や予定、渋滞状況、ニュースなどをまとめてチェックでき、朝の忙しい時間などに便利です。

音声でやりとりした内容をあとで確認したい場合は、「Google Home」アプリの「マイアクティビティ」で履歴を閲覧できます。ただし、「今日はどんな日？」やニュースの内容など、履歴が残らないものもあります。

便利な音声コマンドを使ってみよう

1 現在の時刻を確認する

時刻は7時26分です

2 今日の天気や予定などを調べる

OK Google、
今日はどんな日?

おはようございます。現在の時刻は6時34分です。世田谷区は現在8℃、晴れです。今日の天気は……（このあと天気予報、渋滞情報、予定、ニュースなどが続く）

音声でやりとりした内容を確認する

1 マイアクティビティを開く

「Google Home」アプリを起動し、左上の「≡」→「マイアクティビティ」をタップします。

2 履歴の一覧が表示される

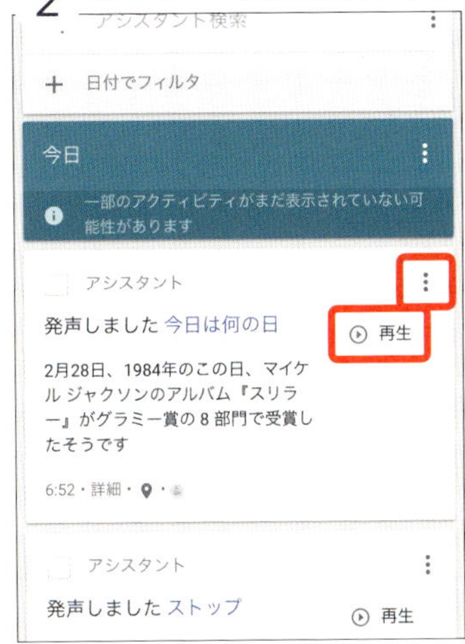

音声でやりとりした内容が表示されます。「再生」をタップすれば聞き直すことができ、右上のメニューアイコンからは削除や詳細の確認が可能です。

Google Homeは音声をすべて録音している？ Column

Google Homeとやりとりした内容のほとんどは、「マイアクティビティ」に記録されています。そのため、「常に周囲の音声を録音しているのでは？」と不安になる人もいるでしょう。しかし、実際には「OK Google」などの起動ワードに続けて話しかけた内容のみが録音されているので、あまり気にする必要はありません。どうしても心配なら、使わないときはマイクをミュートしておくとよいでしょう（手順は23ページ参照）。

2-4

気になる情報をすぐに教えてくれる！

音声でいろいろな情報を調べよう

Google Homeに話しかけることで、さまざまな情報を聞いたり、わからないことを調べたりできます。ここでは日常生活でよく使う機能を中心に紹介します。

最新情報の確認や調べ物に最適

Google Homeでは、ネットから検索できる情報や、Googleの各種機能と連携して取得できる情報を、音声のやりとりだけで簡単に調べることができます。たとえば、「今日の天気は？」のように話しかければ、天気予報を教えてくれます。

地域を指定すれば、国内はもちろん海外の都市の天気予報を聞くこともでき、最高気温や最低気温も確認できます。また、朝や夜など、時間帯ごとの天気を聞くことも可能です。なお、予報を確認できる期間は翌週までとなっています。

天気予報をピンポイントでチェックしよう

1 現在地の天気予報を聞く

OK Google、
今日の天気は?

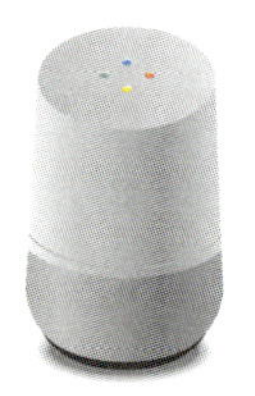

今日の（現在地名）は、
予想最高気温◯℃、
最低気温◯℃で、
晴れときどき曇りでしょう

2 他の地域の天気を聞く

OK Google、今日の
名古屋（都市名）の天気は?

今日の名古屋は、
予想最高気温◯℃、
最低気温◯℃で、
晴れ一時雨でしょう

Point！ 現在地を変更するには？

天気予報などで利用される現在地の住所は変更ができます。Google Homeの設置場所を変えたときなど、必要に応じて変更しましょう。

「Google Home」アプリのメニューの「その他の設定」→「デバイス」にあるデバイス名→「デバイスの住所」から設定できます。

その他の便利なコマンド

音声コマンド	動作
「夜の天気は？」「昼の天気は？」	その時間帯の天気を教えてくれる
「今週の天気は？」	その週の天気予報を教えてくれる
「今日の最高気温は？」	その日の最高気温を教えてくれる
「今日は傘いる？」	最初に雨になるかどうかを知らせ、そのあと天気予報を教えてくれる
「◯月◯日の天気は？」	指定した日の天気を教えてくれる(翌週までの範囲で)

ニュースなど最新の情報をチェック

Google Homeでは、ニュースやスポーツの試合結果、株価情報、飲食店情報なども調べることができます。ニュースは「NHKラジオニュース」をはじめ、豊富な提供元があらかじめ登録されています。スポーツの試合結果は、チーム名を指定してチェックできます。株価に関しては、個別の銘柄の最新の株価と値上がり率がわかるほか、日経平均などの株価指数も調べられます。いずれも、パソコンやスマホで検索するよりも手軽で、テレビやラジオと違って好きなときに情報を入手できるのがメリットです。

さまざまな情報を聞いてみよう

1 ニュースを聞く

OK Google、
今日のニュースは?

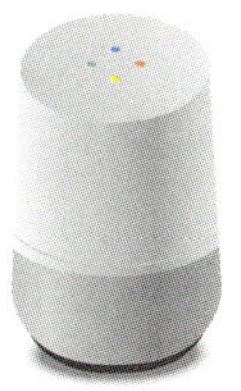

最新のニュースです。NHKラジオニュースから今日○時のニュースをお送りします
(ニュースが読み上げられる)

2 スポーツの結果を確認する

OK Google、
(チーム名) の結果を教えて

(チーム名) は、先週の土曜日、ケルンに3対2で勝ちました

3 株価情報を調べる

OK Google、
(企業名) の株価は?

(企業名) は今日○時○分、東京証券取引所で7641円。昨日から4.87%上昇しています

4 近くの飲食店情報を探す

OK Google、
近くのカフェは?

800m以内に10件以上見つかりました。第1は (住所) にある (店名) で、ここから200m先、評価は星4.7個です

Point! ニュース提供元の追加や順序の変更も可能

「今日のニュースは?」と言った場合、登録されている提供元のニュースが順番に読み上げられていきます。これらの提供元は追加したり、読み上げの順序を変更することができます。

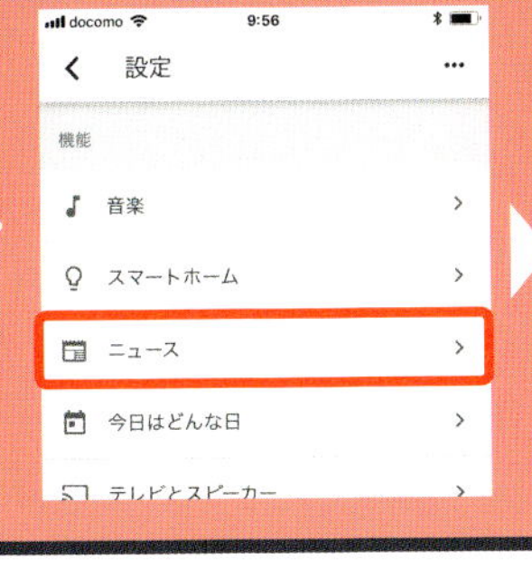

「Google Home」アプリのメニューの「その他の設定」→「ニュース」をタップ。一覧が表示されるので、提供元の追加は下部の「ニュース提供元の追加」から、読み上げ順の変更は右上の「順序を変更」をタップして行います。

辞書や電卓の代わりに使うことも可能

Google Homeでは、翻訳や辞書、計算や単位換算といった機能を利用することもできます。ネットで調べたり、辞書や電卓を用意したりする必要がなく、話しかけるだけですぐに結果を教えてくれるので非常に便利です。

翻訳の場合は、英語だけでなくフランス語、スペイン語、ポルトガル語、中国語、韓国語など、多数の言語に対応しているので、外国人とのコミュニケーションにも最適です。単位の換算や計算は、コンマ単位でもできるので複雑な計算もラクラクこなせます。

翻訳や単位換算などの機能を利用する

1 外国語に翻訳する

2 言葉の意味を調べる

3 単位を換算する

その他の便利なコマンド

音声コマンド	動作
「0.25÷15.73は？」「$\sqrt{7}\times\sqrt{8}$は？」	計算結果を教えてくれる
「カレーライスのカロリーは？」	料理名のカロリーを教えてくれる
「しし座の運勢は？」	星占いの結果を教えてくれる
「徳川家康の誕生日は？」	同様の聞き方で、歴史上の人物などの豆知識を調べられる
「世界で一番高い山は？」	世界で高い山の上位3つを教えてくれる

Google HomeでAndroidスマホを探す

Column

部屋の中で自分のスマホが見つからないことがあります。そんなときも話しかけるだけで、Google Homeと同一のGoogleアカウントを利用しているAndroidスマホの音を鳴らして置き場所を確認できます。

「OK Google、私のスマホを探して」と話しかけ、確認メッセージに「はい」と答えると、スマホがマナーモードでも強制的に音を鳴らせます。なお、iPhoneではこの機能は使えません。

目的地までの交通情報を調べる

出勤や旅行などで出かける際には、目的地までの交通情報が気になります。そんなときは、Google Homeに質問すれば、現在地や指定駅からの電車の経路、または道路の経路を教えてくれます。また、目的地までに渋滞があるかどうかも調べることができます。さらに、発着地を指定して飛行機のフライト情報を聞くこともできます。最適なルートを調べてスムーズな移動に役立てましょう。

ルート検索や渋滞情報を検索する

1 電車のルートを検索する

OK Google、
新宿駅から自由が丘駅

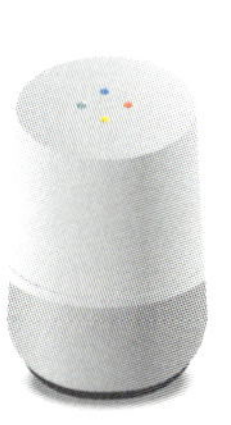

新宿駅から自由が丘まで
公共交通機関で行く場合、
新宿駅から徒歩5分の
新宿三丁目駅から
14時20分に出る副都心線に
乗るのが最適ルートです。
所要時間は23分です

2 道路でのルートを検索

OK Google、
東京スカイツリーまで
車で行くには?

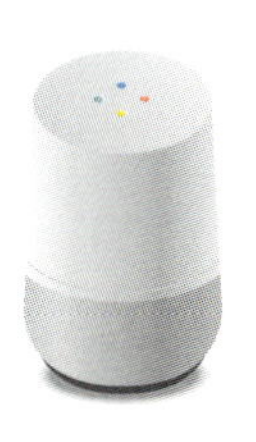

現在地から東京スカイツリー
までは、首都高速4号
新宿線が最適ルートです。
渋滞がない場合、
所要時間は約43分です

3 飛行機の情報を検索

OK Google、
明日の東京から札幌までの
飛行機は?

東京都発、札幌行きの片道の
フライトは、○月○日に行く
場合、10860円からあります。
最短の飛行時間は
約1時間30分です

4 渋滞の状況を調べる

OK Google、
有楽町までの道路状況は?

現在地から有楽町まで
渋滞していないので、
33分ほどです

Point! 自宅や職場の情報を登録する

Google Homeには、現在地とは別に「自宅」や「職場」の住所を登録できます。登録しておくと、「自宅から職場」「職場から東京駅」のように指定するだけで、より簡単にルートを調べられます。

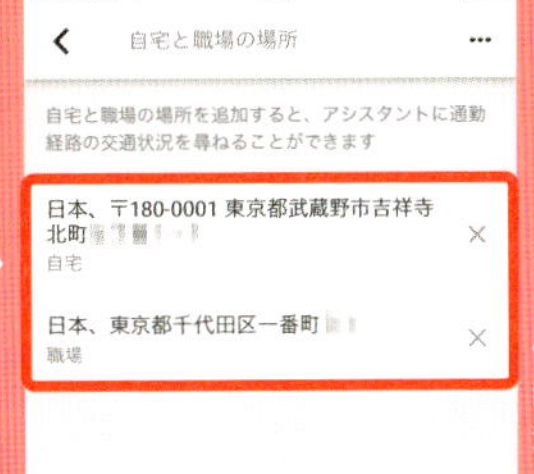

「Google Home」アプリのメニューの「その他の設定」→「登録情報」→「自宅と職場の場所」をタップ。表示された画面でそれぞれ入力して登録します。

スケジュールなどの管理にも役立つ

カレンダーやアラームなど便利な機能を使おう

Google Homeでは、音声コマンドでカレンダーやアラームなどの機能も使うことができます。使い方をマスターして、ぜひ日常生活に役立てましょう。

Googleカレンダーの予定をチェックできる

Googleカレンダーの予定を確認したい場合、通常はスマホからそのつど確認する必要があります。しかし、Google Homeなら話しかけるだけでカレンダーに登録済みの予定を音声で教えてくれます。その日の予定はもちろん、次にひかえている予定、日付を指定しての予定、過去の予定なども音声で確認することができます。1日に複数の予定がある場合は、すべての予定を順番に読み上げてくれます。なお、現在のところカレンダーへの予定の登録や削除には対応していません。

カレンダーに登録済みの予定を確認する

1 今日のスケジュールを聞く

OK Google、
今日の予定は?

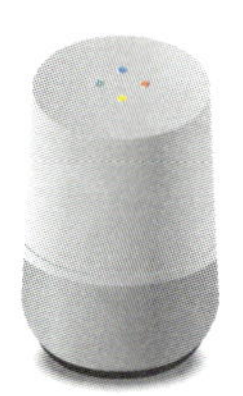

今日のカレンダーには
2件あります。1つめは10時の
(予定タイトル)、2つめは
14時の(予定タイトル)です

2 日付を指定して予定を聞く

OK Google、
○月○日の予定は?

○月○日のカレンダーには
2件あります。1つめは15時の
(予定タイトル)、2つめは
20時の(予定タイトル)です

その他の便利なコマンド

音声コマンド	動作
「次の予定は?」	直近の予定を教えてくれる
「明日の予定は?」「明後日の予定は?」	該当する日の予定を教えてくれる
「(過去の年月日)の予定は?」	過去の日付の予定を教えてくれる
「今週のスケジュールは?」	その週に入っている予定の合計件数と、最初の3件の予定を教えてくれる
「次の会議の予定は?」	タイトルに「会議」を含む予定のうち、いちばん近いものを教えてくれる

Point! 複数のカレンダーの予定を対象にする

初期状態では、Googleカレンダーのメインカレンダーのみが連携されます。複数のカレンダーの予定を確認したい場合は、設定を変更して対象のカレンダーを選択しておきましょう。

Google Home 10:44
カレンダー
カレンダー
yoshi19804@gmail.com
yoshi19804@gmail.com
サークル用
プライベート

「Google Home」アプリのメニューの「その他の設定」→「カレンダー」をタップし、対象にしたいカレンダーにチェックを付けます。

ちょっとした予定はリマインダーに登録できる

Google Homeでは、日々のやるべきこと (ToDo) を管理できる「リマインダー」という機能も使えます。対話しながら予定と時刻をリマインダーに設定でき、指定した日時にスマホに通知が届くようになっています。なお、音声コマンドによるリマインダーの確認や削除は話しかけに反応するものの、まだまだ不安定な状態です。そのため、確認だけなら「Googleアシスタント」アプリから、削除や編集をしたい場合は、「Googleカレンダー」アプリから行うことをおすすめします。

リマインダーにやるべきことを登録する

1 リマインダーを登録を開始

OK Google、
リマインダーをセット

2 通知してほしい日時を設定

いつリマインドしますか?

今日の
10時30分

今日、10時30分、
(予定のタイトル) で
よろしいですか?

このあと「はい」と答えるとリマインダーが保存されます。

リマインダーを確認・管理する

1 リマインダーの確認

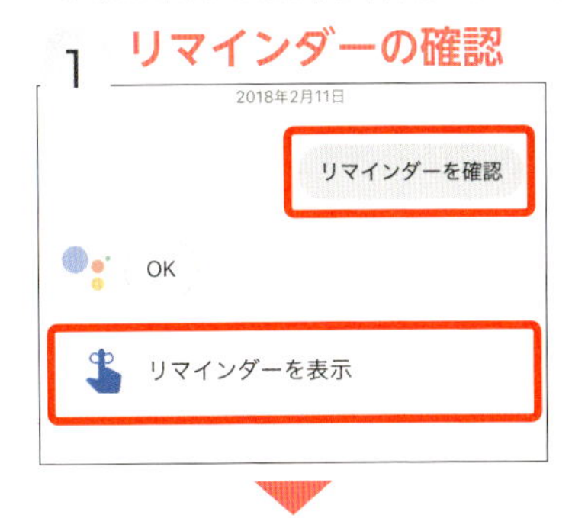

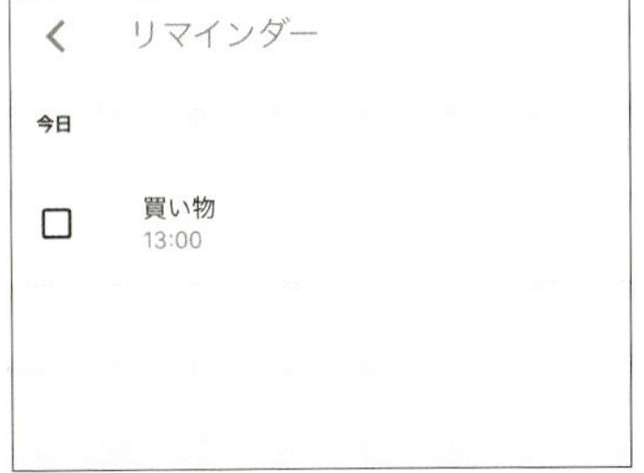

Googleアシスタントアプリを起動して「リマインダーを確認」と話しかけ、「リマインダーを表示」をタップすると登録済みのリマインダーを確認できます。

2 リマインダーの削除や編集

Googleカレンダーアプリを起動すると、カレンダー上に登録済みのリマインダーが表示されるので、タップすれば確認と削除や編集が可能です。

Googleカレンダー
開発元：Google, Inc.
価格：無料

Android

iOS

● タイマーやアラームも簡単にセットできる

料理を作るときなどに便利なタイマーや、寝過ごしを防ぐためのアラームも、Google Homeなら手軽に利用できます。タイマーは時間の長さを伝えるだけでセットでき、指定した時間が経過するとメロディで知らせてくれます。アラームも日時を伝えるだけで簡単にセットできます。設定したタイマーやアラームを取り消したい場合も、音声コマンドで操作できるので便利です。

タイマーを利用する

1 タイマーをセットする

OK Google、
タイマーを5分

5分ですね。
スタート

2 タイマーを解除する

OK Google、
タイマーを消して

はい、
オフにします

アラームを利用する

1 アラームをセットする

OK Google、
明日の6時に
アラームをセット

(日付) 6時に
アラームをセットしました

2 アラームを解除する

OK Google、
明日の6時の
アラームを消して

はい、
オフにしました

その他の便利なコマンド

音声コマンド	動作
「アラームを確認」	登録済みのアラームを教えてくれる
「平日の○時にアラーム」	土日を除く曜日のすべてにアラームを設定してくれる
「毎週○曜日にアラームをセット」	毎週の同じ曜日にアラームを設定してくれる
「アラームを全部消して」	複数のアラームがある場合でも一括で消してくれる

Point！ タイマーやアラームは複数登録も可能

タイマーやアラームは、複数登録することができます。アラームなら、朝の目覚まし用、出発時刻用など、生活スケジュールに合わせて複数設定することで遅刻防止に役立つでしょう。タイマーはシンプルに時間を指定するだけでも複数指定できますが、「ゆで上がりのタイマーを1分」のように話しかければ、名前を付けてタイマーを設定できます。

ショッピングリストやメモは忘れ物防止に便利

ショッピングリストは文字通り買い物リストとして使うことができる機能で、購入予定の商品名などを話しかけるだけでリストに登録できます。追加したリストはGoogle Homeアプリの画面で確認できるほか、音声で呼び出すこともできます。メモは話した内容を覚えてもらう機能で、「覚えておいて」という言葉を付けて話しかけます。なお、メモの消去も音声コマンドできますが、ショッピングリストは音声での削除には対応していません。削除したい場合は「Google Home」アプリから行いましょう。

ショッピングリストを追加する

1 ショッピングリストに追加

OK Google、
（商品名）を
ショッピングリストに追加

はい。（商品名）を
ショッピングリストに
追加しました

2 ショッピングリストの確認

OK Google、
ショッピングリストを確認

ショッピングリストの
アイテムは2件、
（商品名1）と（商品名2）

メモを追加・削除する

1 記録したいことをメモする

OK Google、
「指輪は2番目の
引き出しの中」って
覚えておいて

わかりました。
次のように覚えておきます。
「指輪は2番目の引き出しの中」

2 覚えていることを確認

OK Google、
何を覚えてる?

こちらが覚えておいてと
お願いされたことです。（追加した日付）、「○○を覚えて」
（※最新の3件が読まれる）

3 覚えていることを消去

OK Google、
忘れて

はい、
消去しました

スマホでショッピングリストを見たい時は

Google Shopping List
ショッピング リスト
商品アイテムを追加
ツナ缶
コピー用紙
牛乳
キャベツ

ショッピングリストを画面で確認したいときは、Google Homeアプリのメニューで「ショッピングリスト」をタップすれば表示されます。

26

好きな音楽を手軽に流せる！

Google Homeで音楽を楽しもう

Google Homeの数ある機能の中でも、ぜひ注目したいのが音楽の再生機能です。音楽配信サービスとの連携で、話しかけるだけで好きな曲を楽しめます。

Google Play MusicやSpotifyと連携して音楽を流せる

Google Homeでは、聴き放題の音楽配信サービスを利用して、好きなだけ音楽を楽しむことができます。対象のサービスは国によって異なりますが、日本では「Google Play Music」と「Spotify」に対応しています。さらに、auユーザーの場合は「うたパス」も利用できます。どのサービスを使うかはGoogle Homeのセットアップ時に設定できますが、あとから追加することも可能です。特に「うたパス」はこの方法でしか設定できないので、手順を覚えておきましょう。

Google Playミュージック
開発元：Google, Inc.
価格：無料

Spotify
開発元：Spotify Ltd.
価格：無料

Android / iOS

Google Homeで利用したい音楽サービスを設定する

1 音楽の設定画面を開く

「Google Home」アプリを起動し、画面右上の「デバイス」アイコンをタップします。Google Homeのデバイスカードが表示されたら、右上の「…」→「設定」をタップし、続いて「音楽」をタップします。

2 音楽サービスを追加する

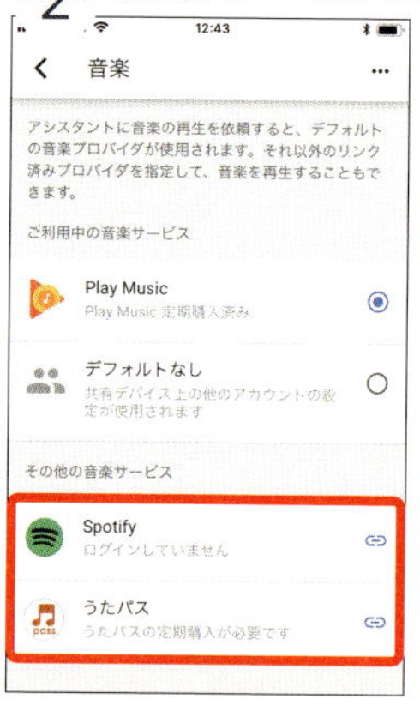

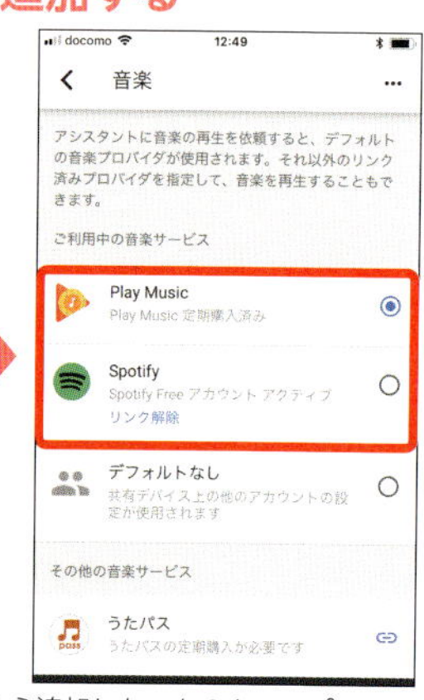

下段の「その他の音楽サービス」から追加したいものをタップし、設定を行います。登録済みのサービスが複数ある場合、メインで使いたいものをデフォルトに設定しておきましょう。

Point！ Google Homeで利用できる音楽配信サービスの特徴

Google Play MusicとSpotifyは、どちらも約4000万曲以上の楽曲を定額制で楽しめるサービスです。Spotifyのプランには、無料のFreeと有料のPremiumがあります。Premiumは回数無制限で曲のスキップが可能で、特定の曲をオンデマンドで再生できる機能もあります。まずは無料で試してみて、気に入ったらPremiumの利用を検討してもよいでしょう。

Google Homeで利用できる音楽サービス

サービス名	Google Play Music	Spotify
配信曲数	約4000万曲	約4000万曲
月額料金	通常プラン：980円 ファミリープラン：1480円	Free：無料 Premium：980円
無料トライアル期間	通常14日間、キャンペーンなどで最大90日間	30日間
オフライン再生	○	Premiumのみ
歌詞表示	×	○

音声でリクエストして音楽を聴く

Google Homeで音楽を聴くときは、話しかけるだけで曲を再生できます。もちろん曲の停止、スキップ、音量の調整などの各種操作も話しかけるだけでOKです。たとえば、「何か音楽を流して」のように話しかけると、ユーザーの利用傾向に応じて好みに合うと判断された曲が優先的に再生されるようになっています。また、再生中の曲のタイトルなどを知りたいときも、音声で質問すれば確認できます。

Google Homeに話しかけて音楽を流す

1 音楽を再生する

OK Google、
何か音楽を流して

（デフォルトの音楽サービス）
から
再生します

2 再生中の曲を確認する

OK Google、
曲名教えて

（アーティスト名）の
（曲名）です

3 再生を停止する

OK Google、
ストップ

（再生中の曲が
停止する）

その他の基本的な操作コマンド

音声コマンド	動作
「次の曲」	次の曲が再生される
「前の曲」	前の曲が再生される
「ポーズ」	一時停止する
「リジューム」	再生が再開される
「音量を上げて」 「音量を下げて」	音量が調整される
「○秒飛ばして」 「○秒戻して」	指定した時間分、再生地点を移動できる
「最初から」	再生中の曲が最初から流せる

Point ! スマホで曲を選んで再生することも可能

スマホ用の「Google Play Music」アプリや「Spotify」アプリで曲を選択して、Google Homeで再生することも可能です。スマホが手元にある場合は、この方法で再生すると便利でしょう。

Google Play Musicの場合、再生画面の上のアイコンをタップし、出力先デバイスとしてGoogle Homeを指定します。

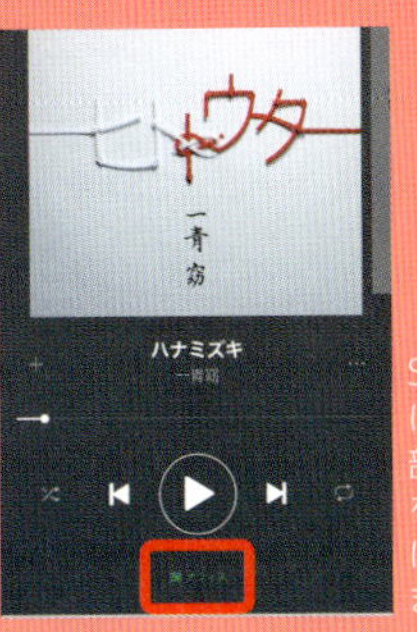

Spotifyの場合、は、再生画面の下部にあるアイコンをタップし、同様に出力先を指定しましょう。

1 Chapter
2 Chapter
3 Chapter
4 Chapter
5 Chapter

さまざまな方法で音楽を楽しむ

音楽を聴くときに、アーティスト名や曲名を話しかけて再生することも可能です。また、「ジャズ」「ロック」のようにジャンルを指定したり、「楽しい曲」「ノリノリの曲」のように気分を話しかければ、オススメの曲を探してシャッフル再生してくれます。

Google Play MusicやSpotifyには、さまざまなシーンに合わせた曲をまとめたプレイリストが用意されており、好きなプレイリストを指定して再生することも可能です。もちろん自分で作成したプレイリストの指定も可能です。

アーティストや曲名などを指定して音楽を聴く

1 アーティストを指定して再生する

OK Google、
（アーティスト名）を
再生して

（音楽サービス名）で
（アーティスト名）を
再生します

2 曲名を指定して再生する

OK Google、
（曲名）を再生する

（曲名もしくはアルバム名）を
（音楽サービス名）で
再生します

3 ジャンルや気分で再生する

OK Google、
（ジャンル名や気分）の曲を
再生して

（音楽サービス名）の
プレイリスト
（もしくはステーション）の
〇〇を再生します

4 プレイリストを再生する

OK Google、
プレイリストの
（プレイリスト名）を再生して

（音楽サービス名）の
プレイリスト
（プレイリスト名）を再生します

Google Play Musicで好みの曲が流れるようにする　Column

「音楽をかけて」と話しかけても、なかなか好みの曲が流れないこともあります。そんなときは、日頃から好きな曲に高評価を付けましょう。傾向がGoogle Homeに反映されて、徐々に好みの曲が流れやすくなります。

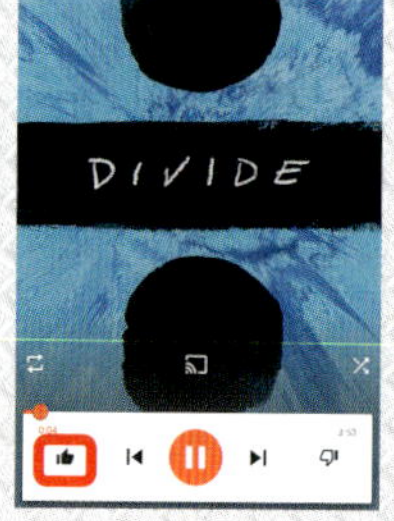

Google Play Musicアプリの再生画面でサムズアップボタンをタップすると、高評価が付けられます。

Google Homeに好きな曲が流れた場合は「この曲好き」といえば、同様に高評価が付きます。

スマホやパソコン内の曲をGoogle Homeで再生

スマホやパソコンにある曲を、Google Homeの音声コマンドで再生したいという人も多いでしょう。そんなときは、Google Play Musicのクラウド機能を利用しましょう。最大5万曲の音楽ファイルをインターネット上の専用スペースにアップロードでき、Google Homeから話しかけて再生できます。アップロードするには、専用ソフト「Google Play Music Manager」を使ってパソコンから行います。アップロード後にプレイリストを作成すれば、通常のプレイリストと同様にGoogle Homeで再生できます。

再生したい曲をGoogle Play Musicにアップロード

1 曲のフォルダーを選択する

「Google Play Music Manager」を起動し、Googleアカウントでサインインして「次へ」をクリックします。アップロードする曲のスキャン対象を指定して「次へ」をクリックし、画面の指示にしたがってアップロードを実行しましょう。

Google Play Music Manager
開発元：Google, Inc.　URL：https://play.google.com/music/listen?u=0#/manager

2 アプリでプレイリストに追加

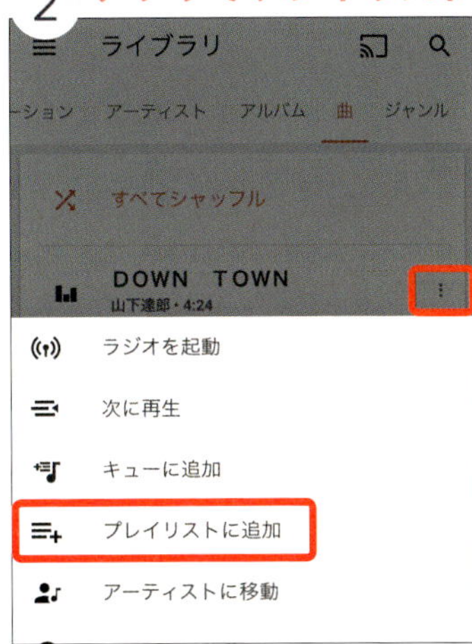

アップロードが完了したら、スマホで「Google Play Music」アプリを起動して「ライブラリ」を表示。アップロードした曲の右側にあるメニューアイコンをタップし、「プレイリストに追加」から任意の名称のプレイリストを作成しましょう。

Point！ Androidスマホなら直接キャスト可能

お使いのスマホがAndroidなら、アップロードする手間をかけずにダイレクトにGoogle Homeから再生できます。話しかけての再生はできませんが、Androidのキャスト機能を使うことで、端末内に保存されている楽曲を選んで再生できます。

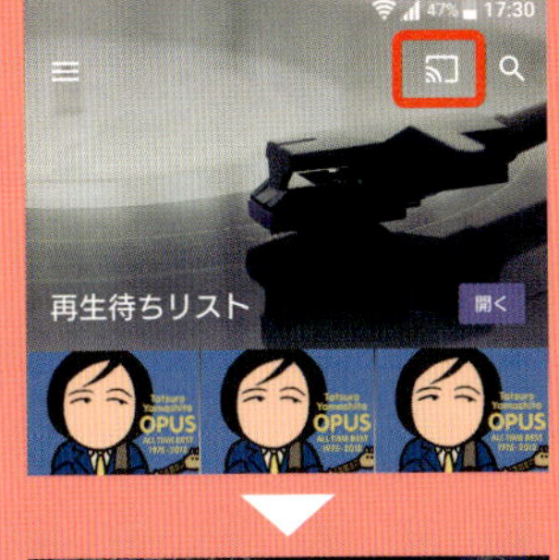

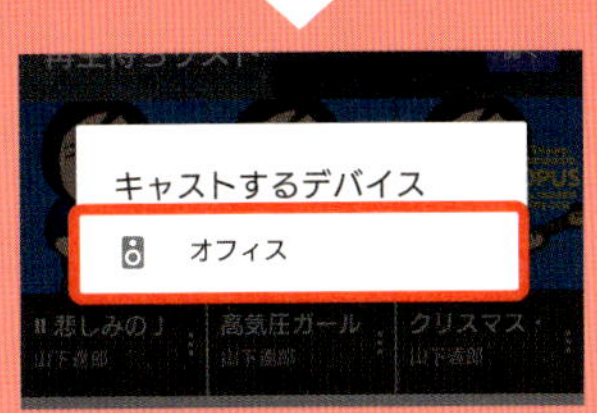

Androidスマホの「ミュージック」アプリを起動し、右上にあるキャストアイコンをタップ。「キャストするデバイス」で、Google Homeのデバイス名をタップすればアプリから選んだ曲を流せます。

Column Google HomeをBluetoothスピーカーとして接続する

Google HomeはBluetoothが使用できるので、スマートフォンなどに保存されている音楽をGoogle Homeで再生することが可能です。この機能を使うには、Google Homeアプリでペア設定を有効にし、使用する端末でペアリングします。

Google Homeアプリのデバイスアイコン→Google Homeのデバイスカード右上の「…」→「設定」→「ペア設定されたBluetoothデバイス」→「ペア設定モードを有効にする」をタップします。あとは使用する端末のBluetooth設定画面を開いてペアリングします。

2・7

短い言葉で操作を実行できる！

よく使う機能のショートカットを作成する

同じ機能を頻繁に使うときは、いちいち長い言葉で話しかけるのは面倒なものです。そこでオススメなのが「ショートカット」を利用する方法です。

より短いコマンドで簡単に呼び出せるようになる

ショートカットは、特定の操作内容に対して短い言葉を割り当てて、よりすばやく使えるようにするしくみです。たとえば特定区間の渋滞情報を確認する場合、通常なら「吉祥寺から有楽町までの渋滞情報」のように話しかけます。ショートカットなら、この操作内容に「渋滞」という言葉を割り当てれば、「渋滞」と話しかけるだけで実行できます。好きな曲の再生、特定時間のアラームなど、頻繁に同じ操作をする場合は、ショートカットを活用してひと言で使えるようにしましょう。

Google Homeのショートカットとは？

1 通常のコマンドの例

OK Google、吉祥寺から有楽町までの渋滞情報

長いので面倒…

「渋滞」に省略してショートカットを作成

この例の場合では、呼び出し用のコマンドとして「渋滞」と、割り当てるGoogle Homeの操作を「吉祥寺から有楽町までの渋滞情報」と登録してショートカットを作成します。

2 ショートカットの例

ひと言で呼び出せるように！

吉祥寺から有楽町まで渋滞気味なので、46分ほどかかります

いくつかのショートカットがあらかじめ登録されている（Column）

ショートカットには、サンプルとしていくつかの種類があらかじめ登録されています。ユーザーの環境によってそのまま使えないものもありますが、内容や操作を実際に確認してみると、自分が作成するショートカットの参考になるでしょう。

一般的なショートカット

- いってきます → 電気を全部消す
- ラーメン タイマー → タイマーを3分に設定
- 疲れた → 猫の足の写真
- 帰るよ → 今から帰るよ と夫にメールを送信
- ただいま → 電気を全部つける

ショートカットのサンプルの一覧。「いってきます」「ラーメンタイマー」などのコマンドで操作内容が割り当てられています。

オリジナルのショートカットを作成してみよう

ショートカットのしくみを理解できたら、さっそく自分で作成してみましょう。ここでは例として、宇多田ヒカルの「花束を君に」という曲を再生する操作を、「花束」という言葉だけで実行できるようにします。作成手順は、呼び出し用のコマンドと操作内容を入力して保存するだけなので、それほど難しくありません。入力はテキストに加え、音声入力にも対応しています。なお、ひとつの操作内容に対して最大５つのコマンドを設定できるようになっています。

ショートカットを作成する

1 新規作成画面を表示

Google Homeアプリのメニューで「その他の設定」→「ショートカット」をタップ。表示された画面の右下にある「+」ボタンをタップします。

2 呼び出しコマンドを入力

登録画面が表示されたら、「こう言ったとき」の欄に呼び出しに使うコマンドの言葉を入力します。ここでは「花束」と入力しました。

3 操作内容を入力して保存

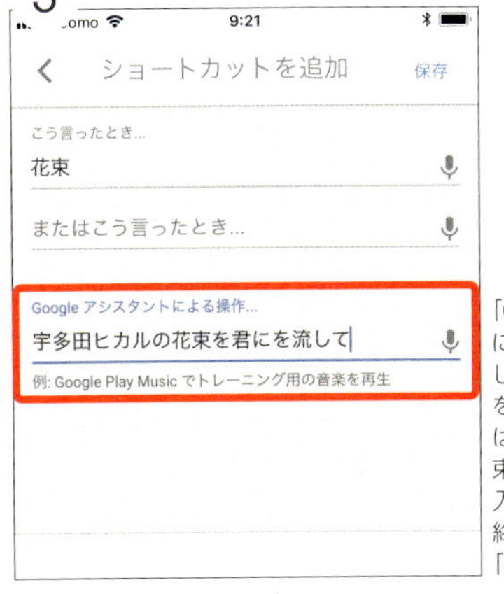

「Googleアシスタントによる操作」欄に実行したい操作のコマンドを入力します。ここでは「宇多田ヒカルの花束を君にを流して」と入力しました。入力が終わったら、右上の「保存」をタップします。

4 有効になったのを確認

ショートカットの一覧に切り替わります。作成したショートカットが追加され、オンになっているのを確認しましょう。

5 ショートカットを利用する

作成後は「OKグーグル、(ショートカット)」のように話しかければ、操作内容が実行されます。この例では「OKグーグル、花束」と話しかけると、宇多田ヒカルの「花束を君に」が再生されました。

Column 将来的には複数操作の連続実行も

現在のところ、日本語版のGoogle Homeではコマンドをひとつずつしか実行できません。しかし、米国版では「天気予報を教えて、アラームをセットして」のように、２つのコマンドを連続して実行できるようになりました。これなら、ショートカットでも２つの操作を実行できるので、日本語版でのいち早い対応が期待されます。

ショートカットを管理する

ショートカットは、後から内容を編集したり削除することが可能です。また、ショートカットのオンとオフはワンタップで簡単に切り替えられます。実際に操作を試してみて、上手く動作しない場合は、コマンドワードを変更したり、操作内容が正しいか見直してみるといいでしょう。また、使わなくなったショートカットはマメに削除しておくと、リストがスッキリと見やすくなります。

ショートカットの切り替えや編集・削除を行う

1 ショートカットの切り替え

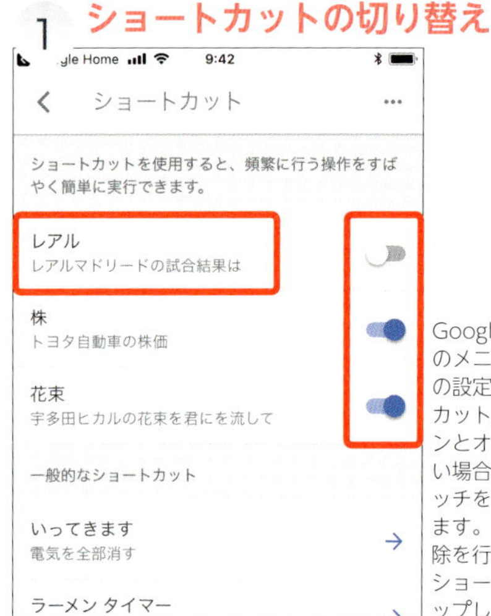

Google Homeアプリのメニューで「その他の設定」→「ショートカット」をタップ。オンとオフを切り替えたい場合は、右側のスイッチをタップして行います。また、編集や削除を行いたい場合は、ショートカット名をタップしましょう。

2 ショートカットを編集する

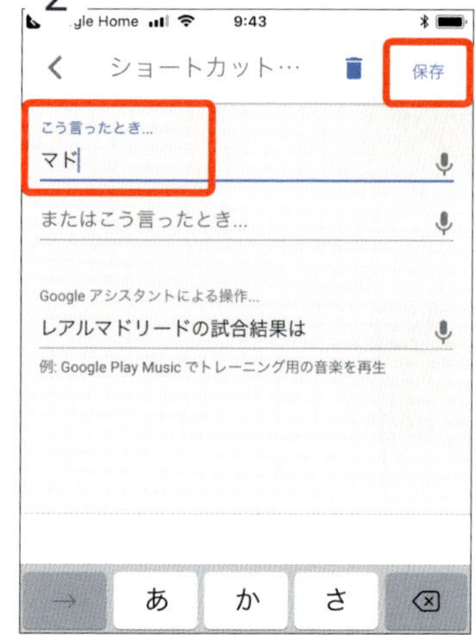

ショートカット一覧から編集したいショートカットをタップし、必要に応じてコマンドや操作内容を書き換えます。最後に右上の「保存」をタップすれば変更が保存されます。

3 ショートカットを削除する

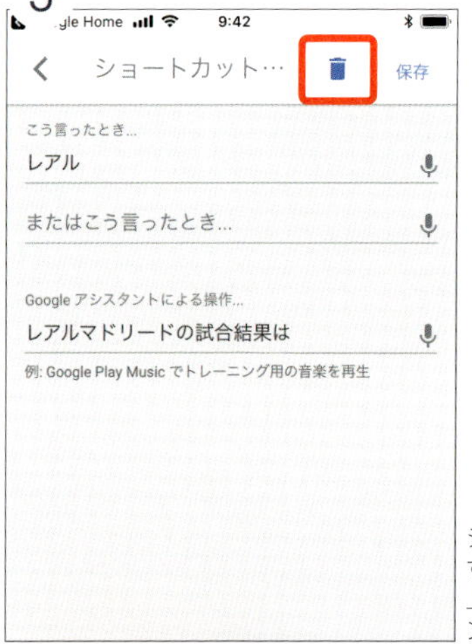

ショートカットを削除する場合は、画面の右上にあるごみ箱アイコンをタップしましょう。

4 確認して削除を実行

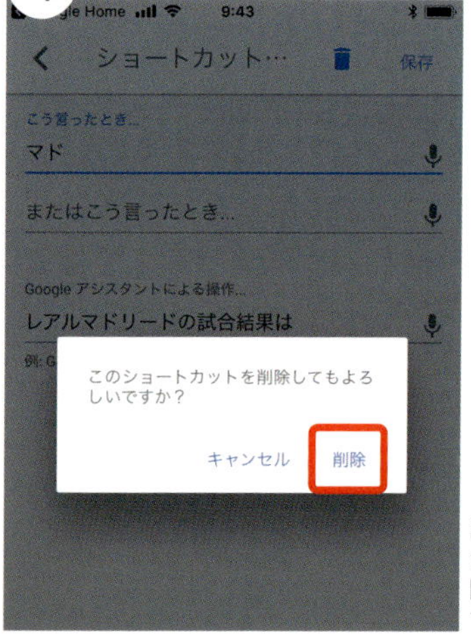

削除の確認ダイアログが表示されるので、「削除」をタップすればOKです。

Attention!! コマンドによっては他の動作が優先されてしまう

たとえば「風」というコマンドでショートカットを作成した場合、話しかけてもGoogle Homeは「風邪の予防に～」のように、病気の風邪について応答するだけで操作を実行できません。このように、何らかの機能に重複してしまった場合は、コマンドを変更して対応しましょう。

Chapter 3

Google Homeをさまざまなサービスと連携させる

Google Homeの機能は、パソコンやスマホのように、新しいサービスを組み込むことで拡張することができます。ここでは「Actions on Google」を組み込む方法と、組み込むことができるサービスを紹介します。ひととおりの使い方では飽きてしまって、「もっとおもしろいことはできないの？」と思っている人はぜひ試してみてください。きっとGoogle Homeの実力を見直すことになるはずです。

提供：Google

3

Google Homeに便利な機能を追加できる！

「Actions on Google」とは何か

「Actions on Google」を利用すると、グルメ情報やレシピの検索など、多彩な機能をGoogle Homeに追加できます。まずは基本的な使い方を覚えましょう。

外部サービスとの連携を手軽に実現

「Actions on Google」は、Google Homeの機能を拡張するために役立つシステムです。スマホにアプリを追加するのと似ていますが、インストールなどの手間は不要で、話しかけるだけで手軽に利用できます。現在のところ対応するサービスの数はまだ多くありませんが、今後も増えていく予定です。「Googleアシスタント」アプリでサービスの一覧を確認できるので、チェックしてみましょう。

「Actions on Google」のしくみ

❶ユーザーがサービスをリクエスト

❷Actions on Googleから
サービスを呼び出す

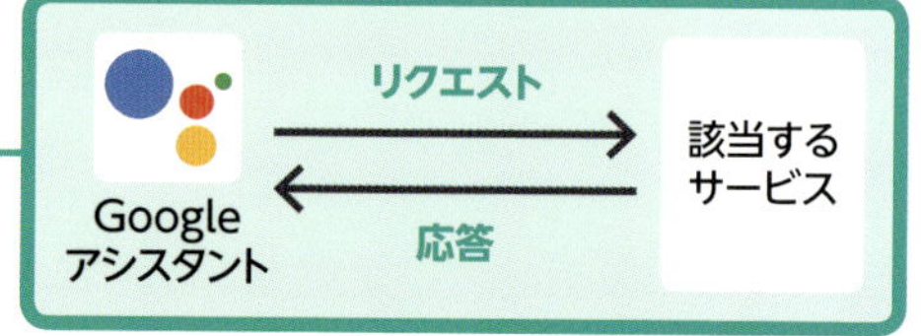

❸Googleアシスタントの
仲介で会話が始まる

ユーザーが音声でサービス名を指定すると、GoogleアシスタントがActions on Googleのシステムにアクセスし、サービスを呼び出します。サービス側から応答があると、Googleアシスタントの仲介によって音声のやりとりが開始されます。ユーザー側はシステム側の処理内容を意識することなく、自然な流れで会話を進められます。

Actions on Googleの対応サービスを探す

1 使いたいサービスを検索する

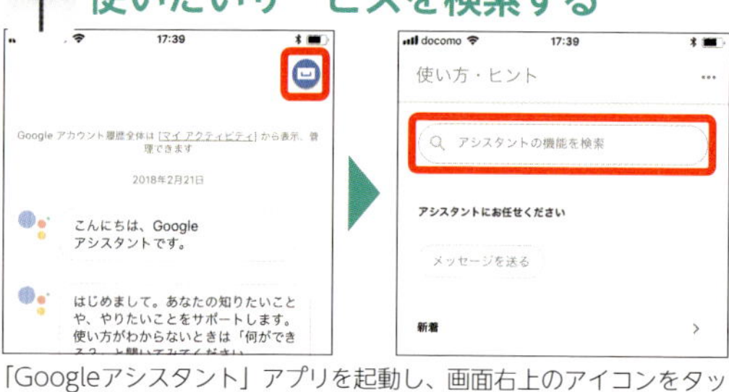

「Googleアシスタント」アプリを起動し、画面右上のアイコンをタップします。上部にある検索ボックスをタップすると、サービスをキーワードで検索できます。

2 カテゴリ別にサービスを探す

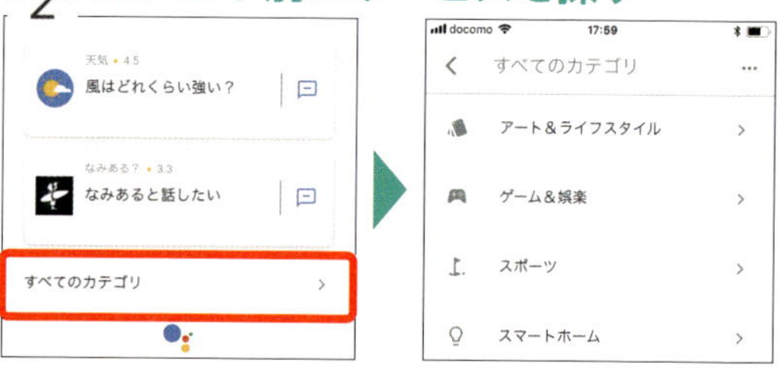

画面を下へ移動すると、新着や人気のサービスをチェックできます。最下部にある「すべてのカテゴリ」をタップすれば、カテゴリ別に探すことが可能です。

Attention!! サービスによってはうまく動作しないこともある

Actions on Googleで提供されているサービスの中には、うまく動作しないものもあります。たとえば、サービス名を正しく発音しても認識されず、「すみません、お役に立てそうにありません」といわれてしまうことがあります。また、まったく反応が返ってこないこともありますが、この場合は一時的な不具合の可能性が高いので、しばらく経ってから試してみましょう。

「Actions on Google」の基本的な使い方

Actions on Googleで提供されているサービスを利用するには、まず「(サービス名) につないで」または「(サービス名) と話したい」とリクエストします。するとサービスが呼び出され、音声でやりとりしながら情報の検索などを行うことができます。ここでは飲食店の口コミ情報サービス「食べログ」を例に、基本的な使い方を見てみましょう。

食べログ
提供元：Kakaku.com, Inc.

「食べログ」で飲食店の口コミを探してみよう

1 サービスを呼び出す

OK Google、
食べログにつないで

はい、食べログです

食べログへようこそ
(ガイダンスが流れる)

「(サービス名) につないで」と話しかけると、まずGoogleアシスタントが応答し、そのあと各サービスの音声に切り替わります。声の質が変わるので、ユーザーにもサービスが呼び出されたことが明確にわかります。

2 各サービスの音声と会話する

食べログ
行きたいお店の駅名か
料理ジャンルを教えてください

渋谷、イタリアン

呼び出したサービスの音声との会話が始まります。質問されたら、聞きたいことなどを答えましょう。使い方がわからなかったり、答え方が不適切だったりした場合でも、音声で案内してくれるので大丈夫です。

3 会話を続けながら情報を入手

食べログ
渋谷、イタリアンジャンルで
食べログおすすめの3店舗の情報を
ピックアップしました。
ピックアップした店舗の口コミを聞きますか?

はい

(1件目の口コミを読み上げる)
口コミは以上です。
ほかのお店のピックアップ口コミも
聞きたいですか?

はい

(2件目の口コミを読み上げる)
口コミは以上です。
ほかのお店のピックアップ口コミも
聞きたいですか?

いいえ

食べログ
食べログをご利用いただき、
ありがとうございました。
ぜひまた使ってみてください

ユーザーのリクエストに応じて検索が行われ、音声で情報を伝えてくれます。追加の質問や、やりとりを続けるかどうかなどを問いかけられたら、案内にしたがって答えましょう。

Point！ やりとりを途中で終了するには

各サービスとのやりとりが完了すると、「(サービス名) をご利用いただき、ありがとうございました」などとメッセージが流れ、自動的に終了します。途中で停止したい場合は、「OK Google、終了」などと話しかけましょう。

Column 情報をあとから確認するには

Actions on Googleで利用できるサービスは、検索で得られる情報が長文になることが多く、一度聞いても覚えられない場合もあります。そんなときは、あとからスマホで確認してみましょう。ただし、サービスの種類によっては詳細な情報が記録されないこともあります。

Google - マイ アクティビティ
アシスタント検索
日付でフィルタ
アシスタント
発声しました はい
再生
食べログ
スパイラル(3.58点)の口コミを読み上げます。日曜日は渋谷のオイスターバーに行ってきました 店名は「スパイラル」 井の頭線の神泉駅が最寄

スマホの「Google Home」アプリで、画面左上の「≡」→「マイアクティビティ」をタップすると、やりとりした内容を確認できます。

便利で楽しい機能を追加できる！

いろいろなサービスを利用してみよう

Google Homeで使えるActions on Googleのサービスにはいろいろな種類があります。ここでは特に便利で楽しいサービスを厳選して紹介します。

Actions on Googleのおすすめサービスを紹介！

Actions on Googleで提供されているサービスは、現時点で約200点あります（2018年2月現在）。仕事や生活を便利にするものや、語学などの学習に役立つもの、音声アシスタントの特徴を活かしたユーモアあふれる対話サービスまで、さまざまなジャンルのサービスが揃っています。ここでは、その中からおすすめのサービスをピックアップして紹介します。ぜひ活用してください。

主婦のアイディアが詰まった100万品以上のレシピを検索できるサービス。料理名を指定して聞けるほか、使用したい食材や、他の家庭が作っている料理からレシピを提案してもらうこともできます。

オープン方法

OK Google、楽天レシピにつないで

応答例

- OK Google、楽天レシピでカレーのレシピを教えて
- カレーのおすすめレシピは（レシピ名）です。レシピをメールで送りますか？
- 食材
- 使用したい食材を3つまで教えてください

おなじみのグルメ情報サービスが、Google Homeで手軽に使えます。希望のエリアやお店のジャンルなどを伝えるだけで、おすすめの飲食店を教えてくれます。デートや飲み会の際に活用しましょう。

オープン方法

OK Google、ホットペッパーグルメにつないで

応答例

- OK Google、ホットペッパーグルメにつないで
- （ガイダンス後）行きたいエリアを教えてください
- 新宿
- ランチかディナーを教えてください

Attention!! Googleアカウントの情報を求められた場合

サービスの内容によっては、ユーザーの居住するエリアやメールアドレスなどの個人情報を必要とするものがあります。こういったサービスを使うときは、Googleアカウントの情報を利用してもいいか許可を求められるので、許可する場合は「はい」、拒否する場合は「いいえ」と答えましょう。

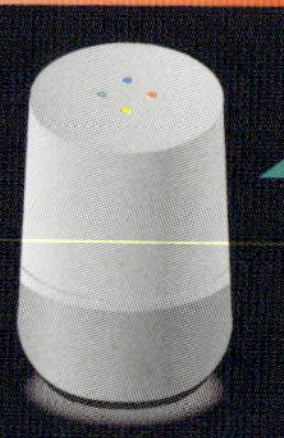

Googleアカウントの情報を利用してよろしいでしょうか？

このように質問されたら、「はい」または「いいえ」と答えましょう。

ニュース&雑誌 おすすめ度 ★★★

キーワードニュース

提供元：KANTETSU WORKS.

好きなキーワードを指定すると、関連したニュースのヘッドラインを読み上げてくれるサービスです。ローカルニュース、政治や経済、ガジェットや趣味など、気になる最新情報を効率よく調べることができます。

オープン方法

OK Google、キーワードニュースにつないで

応答例

OK Google、キーワードニュースにつないで

（ガイダンス後）キーワードを教えてください

仮想通貨

仮想通貨についてのニュースを聞きますか？

ニュース&雑誌 おすすめ度 ★★

トレンドくん

提供元：Daisuke Ikeda

Twitterをメインに、さまざまなソーシャルネットワークで話題となっているキーワードをリアルタイムで聞くことができます。指定した地域のローカルなトレンドワードもわかります。

旅行&交通機関 おすすめ度 ★★

電車動いてる？

提供元：ノックスデータ株式会社

全国の鉄道の主要路線の運行状況を聞けるサービスです。路線名を話しかけるだけで簡単に調べることができるので、慌ただしいお出かけ前にもすばやく確認できます。通勤や通学、旅行など、鉄道を使う際に活用しましょう。

ビジネス&金融 おすすめ度 ★★

トクバイ

提供元：株式会社トクバイ

Google Homeアプリの位置情報を利用して、近隣のスーパーの特売情報を教えてくれます。チラシを比較するのが面倒なときや、目玉商品をうっかり見逃したくないとき、このサービスを使えば簡単に特売品を調べられます。

オープン方法

OK Google、トクバイにつないで

応答例

OK Google、トクバイにつないで

（ガイダンス後）Googleの情報を利用してよろしいですか？

はい

西友吉祥寺店の今日のおすすめは～（商品名と価格が案内される）

ビジネス&金融 おすすめ度 ★★

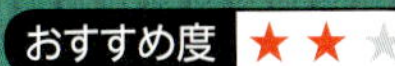

ハロー料金検索

提供元：Miyashita Yoshio

ヤマト、佐川、ゆうパックなど、主要な宅配業者の配送料金を調べられるサービス。宅配サービス名、発着地の都道府県、荷物サイズと重さを指定すると料金を検索できます。複数の業者間の料金比較にも対応しています。

オープン方法

OK Google、ハロー料金検索につないで

応答例

OK Google、ハロー料金検索につないで

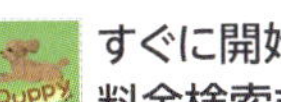
すぐに開始するなら、料金検索または料金比較と言ってください

料金検索

それでは料金検索を始めます。はじめに調べる宅配業者か宅配サービスを教えてください

地域

おすすめ度 ★☆☆

Yahoo! MAP

提供元：Yahoo! JAPAN

Google Homeの位置情報を利用して、その地域のゴミ収集日を調べられます。日付を指定すると、その日に収集可能なゴミの種類を教えてくれます。引っ越したばかりのときなど、収集日がよくわからないときに重宝します。

オープン方法

OK Google、ヤフーマップにつないで

応答例

OK Google、
ヤフーマップにつないで

（ガイダンス後）今日の（地域名）は不燃ごみが捨てられます。他に知りたい日はありますか?

明日

今日の（地域名）は
可燃ごみが捨てられます

天気

おすすめ度 

日本各地の地震情報

提供元：Yoshiro MIHIRA

最近起きた地震情報を調べられるサービス。都道府県名を話しかけることで、地震の発生日時、震源地、震度などの情報を詳しく教えてくれます。地震の情報ソースは「P2P地震情報」を用いています。

オープン方法

OK Google、日本各地の地震情報につないで

応答例

OK Google、
日本各地の地震情報につないで

都道府県名で質問ください

愛知県

○月○日○時○分、○○を震源とする地震がありました～（震度などが案内される）

教養&知識

おすすめ度 

とっさの旅英語

提供元：とっさの旅英語

海外旅行のときによく使うフレーズを学習できる英語学習サービス。日本語でのフレーズの後に続いて英語を読み上げるので、それを真似て学習していくいステムです。海外旅行前に集中的にレッスンしましょう。

オープン方法

OK Google、とっさの旅英語につないで

応答例

OK Google、
とっさの旅英語につないで

（ガイダンス後）私の言葉につづいて真似てください。牛肉料理をください、Beef,Please

Beef,Please

お手洗いはどこですか。
Where is the restroom

教養&知識

おすすめ度 

六法 ボイス六法

提供元：tocie

法典名と条文番号を話しかけると、条文を読み上げてくれるサービス。対応する法典は、憲法、民法、刑法、刑事訴訟法、民事訴訟法など多数。裁判のニュースに登場した条文などを調べたいときに重宝します。

教養&知識

おすすめ度 

Best Teacher

提供元：株式会社ベストティーチャー

オンライン英会話スクール「ベストティーチャー」から生まれた、英語リスニング対策サービス。会話文を聞いて、その理解度を確かめるために出題される四択問題に挑戦しましょう。

教養&知識　おすすめ度 ★★☆

TED Talk レコメンド

提供元：Yoichiro Hasebe

さまざまな分野の専門家や知識人が公演をするイベント「TED」から、オススメのトークを検索できるサービス。キーワードを伝えると、関連するトークをランダムにピックアップして、タイトルと概要を読み上げてくれます。

オープン方法

OK Google、TED Talk レコメンド

応答例

OK Google、TED Talk レコメンド

キーワードを教えてください

金融

こんなトークはいかがでしょうか～
(オススメのトークの概要が読み上げられる)

教養&知識　おすすめ度 ★★☆

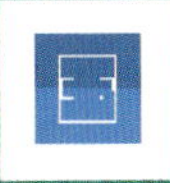

国の漢字

提供元：ohanashi.app

日本では、外国の国名を「亜米利加」のように漢字で表記することがあります。このサービスは、このような国の漢字の書き方を教えてくれます。調べたい国名を話しかけるだけで、一文字ずつ丁寧に教えてくれます。

教養&知識　おすすめ度  ★☆☆

動物年齢早見表

提供元：catcrazy3122

5歳のネコは人間に当てはめると何歳？ そんな疑問に答えてくれるのがこのサービス。ネコや犬、ウサギの年齢を話しかけると、人間に換算した年齢を教えます。

教養&知識　おすすめ度 ★★★

スキルサーチ

提供元：株式会社プラスウイング

キーワードを話しかけることで、Googleアシスタントで利用できるサービスの検索ができます。サービスの呼び出し方も教えてくれるので、どんな使い方ができるかを調べてGoogle Homeを上手に使いこなしましょう。

オープン方法

OK Google、スキルサーチにつないで

応答例

OK Google、スキルサーチにつないで

スキルを検索します。キーワードを言ってください

ビジネス

「起業家の名言」が見つかりました。
「起業家の名言」と呼び出してください

仕事効率化　おすすめ度  ★★☆

おすすめコマンド

提供元：スパゲッティゲッティスパゲッティ

Google Homeで利用できるおすすめのコマンドを教えてくれるサービスです。基本的なことはわかっていても、まだまだ使えるコマンドをチェックしたいというときに最適。意外な使い方をいち早くマスターしましょう。

オープン方法

OK Google、おすすめコマンドにつないで

応答例

おすすめは？

こんなコマンドがあります。ぜひ試してください（おすすめのコマンドを読み上げる）

前のコマンド

（前回紹介してくれたコマンドを読み上げる）

仕事効率化

おすすめ度 ★★☆

作業トリガー

提供元：Castroom Inc.

作業を始める際に、なかなかスムーズにいかないという悩みは意外と多いもの。そんなときにオススメなのがこのサービス。音声の指示に従って姿勢や気持ちを調整するだけで、自然に仕事に取り掛かることができます。

オープン方法

OK Google、作業トリガーにつないで

応答例

OK Google、
作業トリガーにつないで

まずはまっすぐな姿勢で座ってみましょう。完了したら「座った」と言ってください

座った

これから使う道具を適当に触りましょう。手に持つか、軽く触れるだけでもいいです

音楽&オーディオ

おすすめ度 ★☆☆

雨の音

提供元：VoiceCities

雨の音の環境音を流してくれるサービスです。シトシトと降りしきる雨の音は、集中力をアップさせたいときにピッタリでしょう。雨音は、「OK Google、終わり」というまで続きます。

ゲーム&娯楽

おすすめ度 ★★★

ピカチュウトーク

提供元：The Pokemon Company

おなじみのキャラクターであるピカチュウとトークが楽しめるポケモン公式サービスです。話しかけると、ピカチュウが可愛く応答してくれます。話しかける言葉によって面白い反応があるので、いろいろな試してみましょう。

音楽&オーディオ

おすすめ度 ★★☆

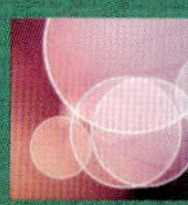

音楽ランキング

提供元：Hirokazu Takatama

iTunesから無料提供された音楽ランキングを流してくれます。総合ランキング以外に、アニメ、J-POP、K-POPにも対応しています。「OK Google、音楽ランキングにJポップと頼んで」などと話しかけてみましょう。

音楽&オーディオ

おすすめ度 ★★☆

プチリリ

提供元：株式会社シンクパワー

歌詞の一部はわかるけど、曲名がわからない。そんなとき、歌詞の一部をつぶやくだけで、該当する曲を教えてくれます。検索対象は近年の曲が中心になっています。

ゲーム&娯楽

おすすめ度 ★★★

ピピトーク

提供元：pipi-channel

おしゃべりインコのピピちゃんと楽しくトークできるサービス。話しかけるとユニークな反応が返ってきます。しゃべれるフレーズは150種類もあり、歌ってくれることもあります。

ゲーム&娯楽

おすすめ度 ★★☆

運命数

提供元：がおまるラボ

生年月日から運命数を調べられるサービス。運命数は、生まれ持った性格や性質、潜在能力を表すと言われており、自分の運命を手軽に占うことができます。進路、恋愛、仕事など、悩める人の力になってくれそうです。

Chapter 4

Google Homeを AV機器や家電と 連携させる

スマートスピーカーの機能のうち、住宅メーカーなどから期待を集めているのがスマートホームに関するものです。簡単な機能としては、Google Homeに話しかけるだけで、電灯をつけたり消したりするものが挙げられます。問題はスマートホーム機能に対応する家電機器が少なく、また高価なことですが、この章で挙げる赤外線リモコン機能を搭載した製品を使えば、安価に多くの家電機器をGoogle Homeでコントロールできます。

提供：Google

Google Homeと連携させて音声で操作できる

Chromecastを使ってテレビで動画や写真を見る

Google Homeの特徴のひとつは、Chromecastと連携できることです。声で操作して、YouTubeやNetflixの動画、Googleフォトの写真を視聴できます。

簡単な設定でネットの動画をテレビで楽しめる

Chromecastは、Googleが販売している小型のデジタル機器です。Wi-Fi経由でネット上のコンテンツを受信し、HDMIで接続したテレビで再生できます。スマホやパソコンから操作するのが一般的な使い方ですが、Google Homeと連携させれば、動画のタイトルなどを話しかけるだけで簡単に視聴することが可能です。現時点で対応しているサービスは、YouTube、Netflix、Googleフォトの3種類です。使い始めるには、まず「Google Home」アプリでセットアップを行いましょう。

Chromecastの接続イメージ

Chromecastは、HDMI入力に対応したテレビなら機種を問わずに利用できます。Google Homeから操作するには、同じWi-Fiネットワークに接続する必要があります。テレビの機種によっては、音声で電源のオン／オフなどの操作も可能です。

Chromecastをセットアップする

1 Chromecastをテレビに接続

ChromecastをテレビのHDMI端子に接続し、付属のケーブルで電源につなぎます。テレビをHDMI入力に切り替えて、「ようこそ」画面が表示されることを確認します。

2 アプリを起動して設定を開始する

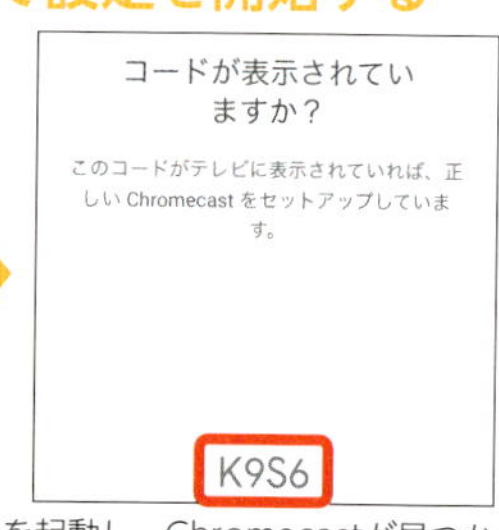

スマホの「Google Home」アプリを起動し、Chromecastが見つかったことを示す画面が表示されたら「セットアップ」をタップします。テレビの画面と同じコードが表示されたら「はい」をタップします。

3 使用する場所とWi-Fiの設定

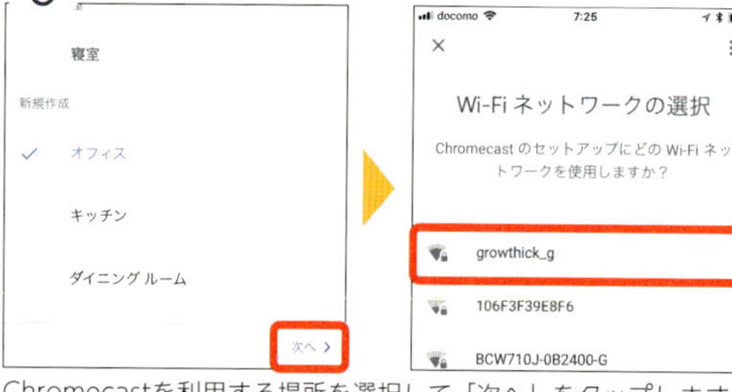

Chromecastを利用する場所を選択して「次へ」をタップします。Google Homeと同じアクセスポイントを選択します。あとは画面の指示にしたがって設定を完了させます。

Google
Chromecast
実勢価格：4980円

本体に付属するHDMIケーブルで簡単にテレビと接続でき、ネットの動画などを手軽に楽しめます。

Google
Chromecast Ultra
実勢価格：9720円

高画質な4KやHDRにも対応した上位モデル。使い方はChromecastとほぼ同じです。

Google HomeとChromecastを連携する

Google HomeとChromecastが同じWi-Fiネットワークに接続されると、特に自分で設定をしなくても自動的に連携されます。ただし、GoogleアカウントがGoogle Homeにリンクしていないと利用できません。正常に動作しない場合は、「Google Home」アプリを開き、アカウントがリンクされているか確認しましょう。

また、テレビとスピーカーの設定でデバイスが追加されていないと利用できないので、そちらも確認しておきましょう。

Google Homeの設定を確認する

1 デバイスが登録されていることを確認

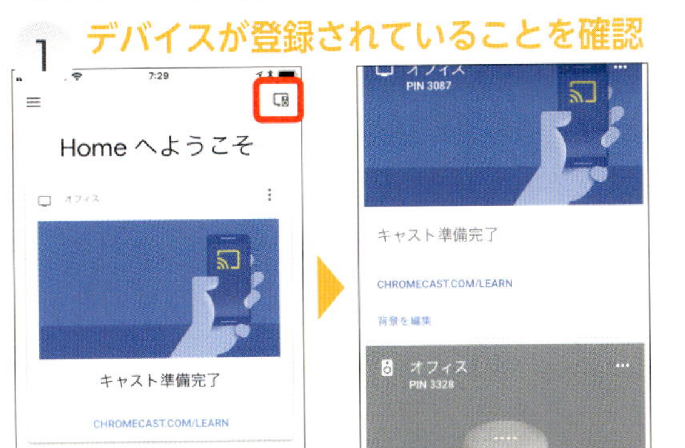

「Google Home」アプリを開き、画面右上のデバイスアイコンをタップします。Google HomeとChromecastがセットアップされていることを確認します。

2 アカウントがリンクされているか確認

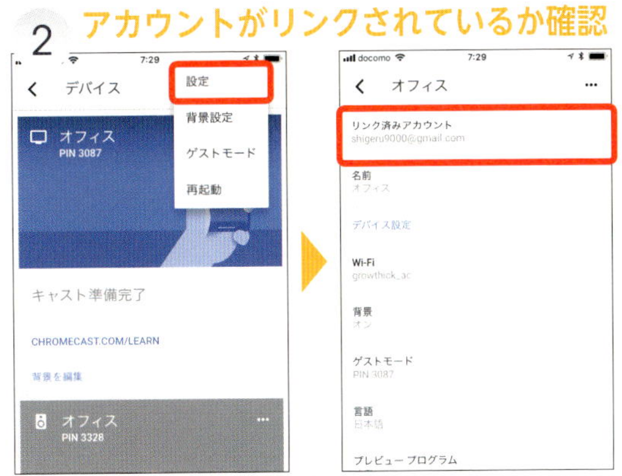

デバイスカードの右上にある「…」→「設定」をタップし、「リンク済みアカウント」にGoogleアカウント（メールアドレス）が表示されていることを確認します。

3 その他の設定を開く

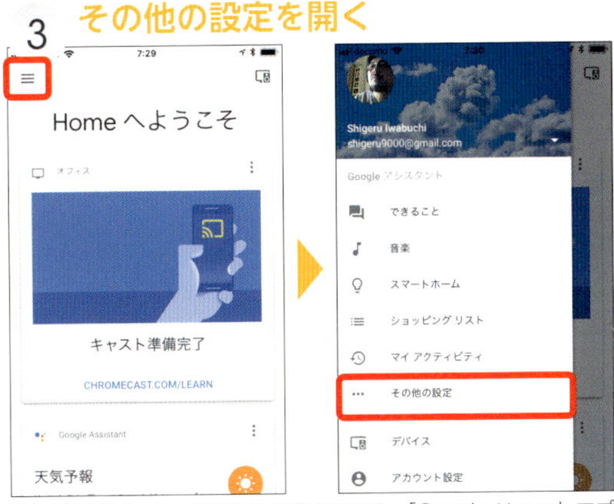

テレビとスピーカーの設定を確認するには、「Google Home」アプリの左上にある「≡」→「その他の設定」をタップします。

4 テレビとスピーカーの設定を確認

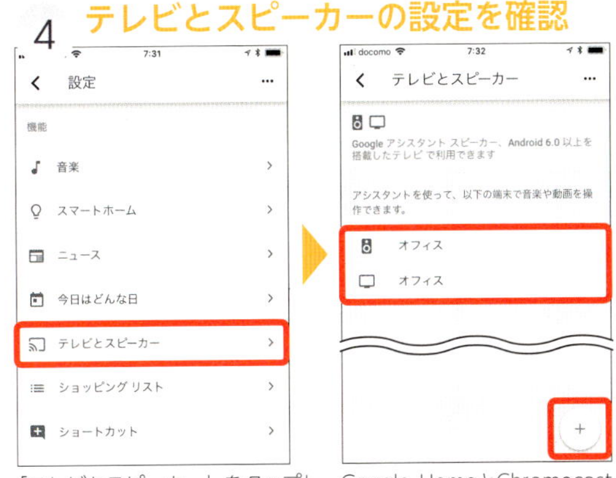

「テレビとスピーカー」をタップし、Google HomeとChromecastに設定した名前が表示されていることを確認します。名前がない場合は「+」をタップし、画面の指示にしたがってデバイスを追加します。

Column デバイス名を変更する

Chromecastが複数ある場合、声で操作するときにデバイス名も一緒に呼ぶ必要があります。デバイス名は自分の好きなものを付けられるので、わかりやすい名前に設定しておくと便利です。

写真: David Hogan
Getty Images・注目の写真

名前を変更するデバイスカードの右上にある「…」→「設定」をタップします。「名前」をタップし、任意の名前を入力します。

各サービスのアカウントをリンクさせる

Chromecastを使ってYouTubeやGoogleフォト、Netflixのコンテンツを見るには、まず各アプリをスマホにインストールし、ログインしておきましょう。さらに、GoogleフォトとNetflixの場合は、「Google Home」アプリでアカウントのリンクを設定する必要があります。なお、Netflixを複数のユーザーで使っている場合は、よく使うユーザーのプロフィールを選択しておくと便利です。

GoogleフォトとNetflixのアカウントを設定する

1 Googleフォトを設定する

「Google Home」アプリの画面左上にある「≡」→「その他の設定」→「動画と画像」をタップします。「Google Photos」で利用するアカウントのスイッチをオンにします。

2 Netflixのアカウントをリンクする

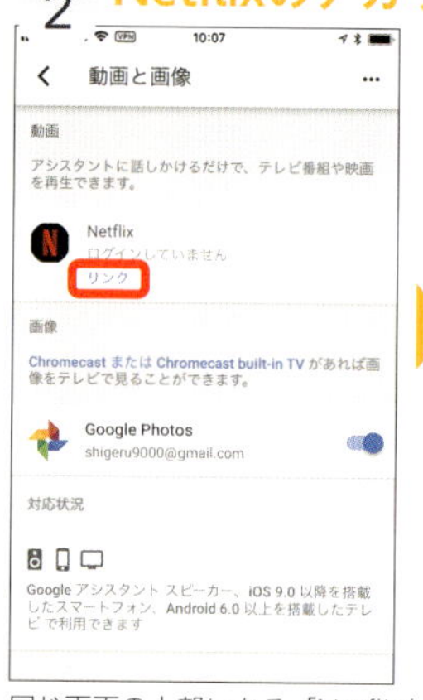

同じ画面の上部にある「Netflix」の「リンク」をタップします。リンクを確認するメッセージが表示されるので、「アカウントをリンク」をタップします。

3 Netflixにログインする

「ログインして連携」画面が表示されたら、Netflixに登録しているメールアドレスとパスワードを入力し、画面下部の「ログインして連携」をタップします。次に、使用するプロフィールを選択して「確定」をタップします。

Point！ Voice Match を設定する

ユーザーの声を識別させるVoice Matchを設定しておくと、Netflixのプロフィールを話しかけた人のものに切り替えたり、Googleフォトで表示するアカウントを切り替えたりできるので便利です。

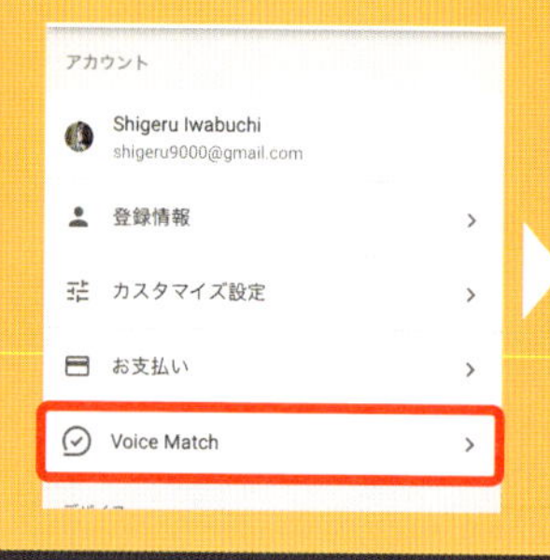

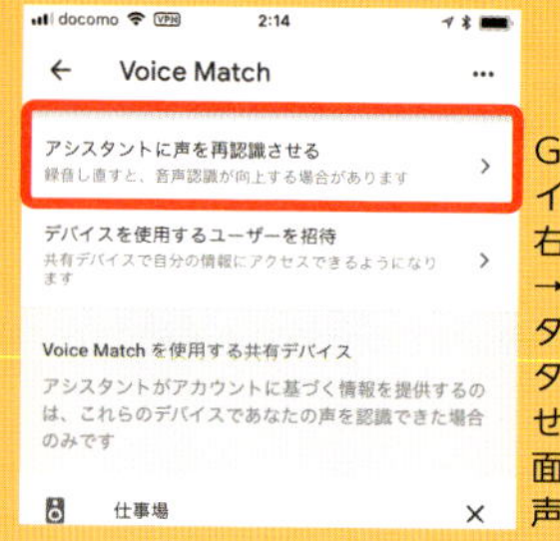

Google Homeのデバイスカードを表示し、右上の「…」→「設定」→「Voice Match」をタップします。「アシスタントに声を再認識させる」をタップし、画面の指示にしたがって声を認識させます。

動画や写真を再生してみよう

ここまでの設定が完了したら、Google Home経由で動画や写真を再生できます。YouTubeの場合、「動画」という単語とジャンルやタイトルを組み合わせて「猫の動画を見せて」などと話しかけましょう。動画の早送りや停止といった操作も音声で可能です。Netflixの場合、作品のタイトルを伝えれば再生できますが、一部のタイトルでは失敗することがあるので注意しましょう。Googleフォトの場合は、地名などを指定すると一致する写真がスライドショーで表示されます。

動画を再生する

1 YouTubeを再生する

OK Google、
猫の動画を（デバイス名）で
再生して

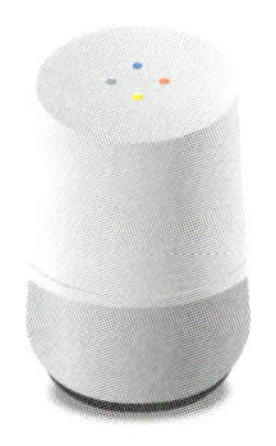

（デバイス名）で
YouTubeの猫の動画を
再生します

2 Netflixを再生する

OK Google、Netflixで
（タイトル名）を再生して

Netflixの
（タイトル名）ですね。
（デバイス名）で再生します

音声コマンド	動作
「猫の動画を再生して」	YouTubeで猫の動画を検索して再生
「（デバイス名）で猫の動画を再生して」	指定したChromecastが接続されたテレビで、YouTubeの猫の動画を検索して再生
「Netflixで（タイトル名）を再生して」	Netflixで指定したコンテンツを再生
（再生中に）「10秒進めて」	動画を10秒スキップ
（再生中に）「一時停止して」	動画を一時停止

写真を再生する

1 Googleフォトを再生する

OK Google、
新潟の写真を見せて

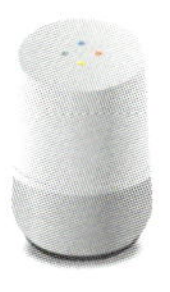

（デバイス名）に
新潟というキーワードに
マッチする写真を表示します

音声コマンド	動作
「（地名）の写真を見せて」	位置情報で指定した地名がある写真をスライドショーで再生
「去年の写真を見せて」	去年の写真をスライドショーで再生
「猫の写真を見せて」	猫が写っている写真をスライドショーで再生
（再生中に）「10秒進めて」	動画を10秒スキップ
（再生中に）「一時停止して」	動画を一時停止

Column テレビの電源を操作する

HDMI-CECという機器制御機能に対応したテレビなら、Google Homeから電源のオン／オフや音量の調整などが可能です。ただし、初期状態ではCECが無効になっていることが多く、古いテレビの場合は非対応の製品もあります。詳しくはテレビの取扱説明書やメーカーのサイトで確認してください。

音声コマンド	動作
「テレビをつけて」	テレビの電源をオンにする
「テレビを消して」	テレビの電源をオフにする
（再生中に）「音量を上げて」	テレビの音量を上げる
（再生中に）「音量を下げて」	テレビの音量を下げる

Google Homeから別のスピーカーを操作

外部スピーカーに接続して音楽を再生する

Google Homeは便利だけど、サウンド面ではちょっと物足りない……。そんな人のために、外部スピーカーを使って音楽を再生する方法を紹介します。

Chromecast Audioで外部スピーカーを活用する

Google Homeは単体でも音楽を再生できますが、もっと高音質なスピーカーで聴きたいこともあるでしょう。そんなときに役立つのがChromecast Audioです。Google HomeとWi-Fi経由で接続することで、外部スピーカーを音声で操作してGoogle Play Musicなどの楽曲を再生できるようになります。利用するには、まず「Google Home」アプリで設定を行う必要があります。

Google
Chromecast Audio
実勢価格：4980円

付属のオーディオケーブルでスピーカーにつなぎ、Wi-Fi経由でGoogle Homeと接続することで、音楽を再生できるようにします。

Chromecast Audioは、スピーカーのAUX端子（ライン入力端子）に接続して使います。なお、RCAや光入力でも接続できますが、その場合はケーブルを別途用意する必要があります。

Chromecast Audioをセットアップする

1 アプリを起動して設定を開始する

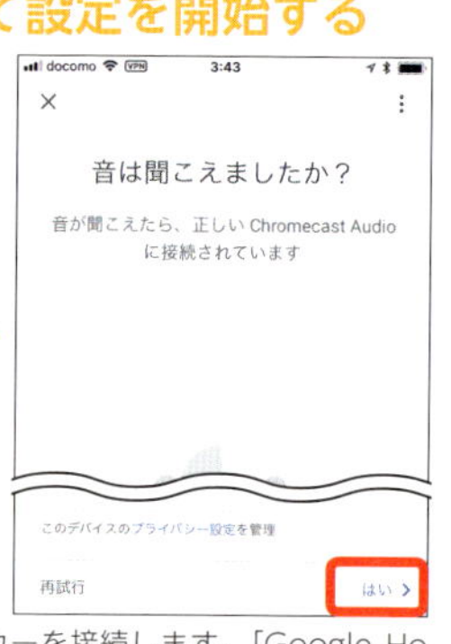

Chromecast Audioと外部スピーカーを接続します。「Google Home」アプリを開き、「セットアップ」をタップします。外部スピーカーから音が聞こえてくることを確認したら「はい」をタップします。

2 名前を設定してWi-Fiに接続

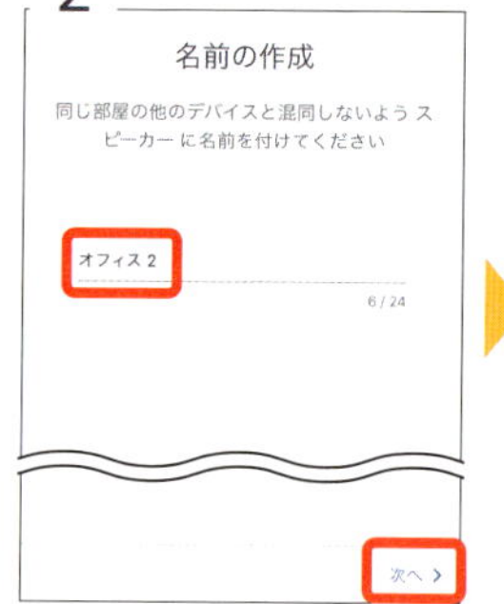

利用場所を選択したあと、名前を入力して「次へ」をタップします。次にGoogle Homeと同じアクセスポイントを選択します。あとは画面の指示にしたがって設定を完了させます。

Point！ 音声で操作して外部スピーカーで音楽を再生

設定が完了したら、外部スピーカーで音楽を再生してみましょう。Google Homeに話しかけるときは、上記の手順で設定したデバイス名を付け、「OK Google、（デバイス名）でロックを再生して」のようにリクエストします。

音声コマンド	動作
「（デバイス名）でロックを再生して」	指定した外部スピーカーでロック音楽を再生
「（デバイス名）の音量を上げて」	指定した外部スピーカーの音量を上げる
「（デバイス名）の音量を下げて」	指定した外部スピーカーの音量を下げる
（再生中に）「一時停止して」	再生中の音楽を一時停止

複数のスピーカーで同時に音楽を再生する

Google Homeは、複数のオーディオ機器で同時に音楽を再生する「マルチルーム再生」に対応しています。たとえば2階の自室にGoogle Home、1階のリビングにChromecast Audioを接続した外部スピーカーを設置している場合、この2台を「オーディオグループ」に設定すれば、家の中を移動しても途切れることなく音楽を聴くことができます。

なお、複数のGoogle Homeでマルチルーム再生を行うことも可能です。また、3台以上の機器をグループに追加することもできます。

Google Homeと、Chromecast Audioを接続したスピーカーをオーディオグループとして設定すれば、マルチルーム再生が可能になります。再生するときは、あらかじめ設定したグループ名を付けてGoogle Homeに話しかけましょう。

オーディオグループを作成する

1 グループの作成画面を表示する

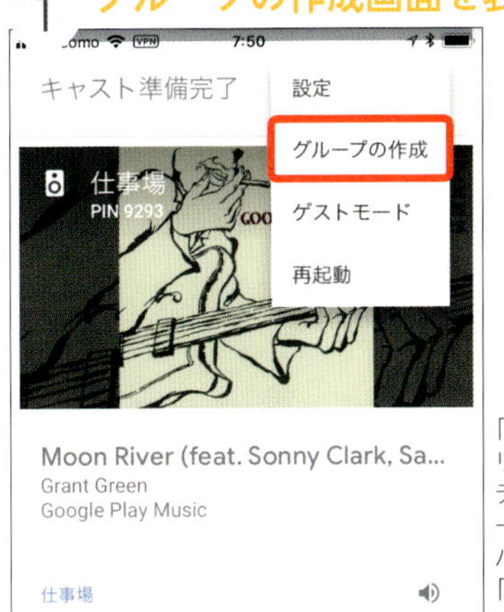

「Google Home」アプリを開き、画面右上のデバイスアイコン→Google Homeのデバイスカード右上の「…」→「グループの作成」をタップします。

2 グループを作成する

設定するグループ名を入力し、グループに含めるスピーカーにチェックを付けます。設定が完了したら「保存」をタップします。これでオーディオグループが作成されました。

3 音声操作を有効にする

オーディオグループのデバイスカードが表示されていることを確認し、「音声操作などを有効にする」をタップします。確認のメッセージが表示されたら「はい」をタップします。

4 オーディオグループで再生する

デバイスカードに「キャスト準備完了」と表示されたら、音声での操作ができます。グループで再生するときは、「OK Google、(グループ名)でポップスを再生して」といったように話しかけます。

多機能なリモコンでエアコンなどを操作

「Nature Remo」との連携で家電を操作する

Nature Remoは、エアコンなどの家電をコントロールできるスマートリモコンです。Google Homeと連携させれば、声で家電を操作することも可能です。

Google Homeと連携可能なスマートリモコンを活用

スマートスピーカーの利点の1つが、家電を音声で操作できることです。ただ、Google Homeに対応した家電製品はまだまだ少ないのが実情です。そこで使ってみたいのが、スマートリモコンの「Nature Remo」です。Google Homeと同じWi-Fiネットワークに接続し、操作したい家電をあらかじめ登録しておけば、音声でコントロールが可能になります。登録できる製品はエアコン、テレビ、照明の3種類（各1台ずつ）です。最初に専用アプリを使って設定を行いましょう。

Nature Remoの接続イメージ

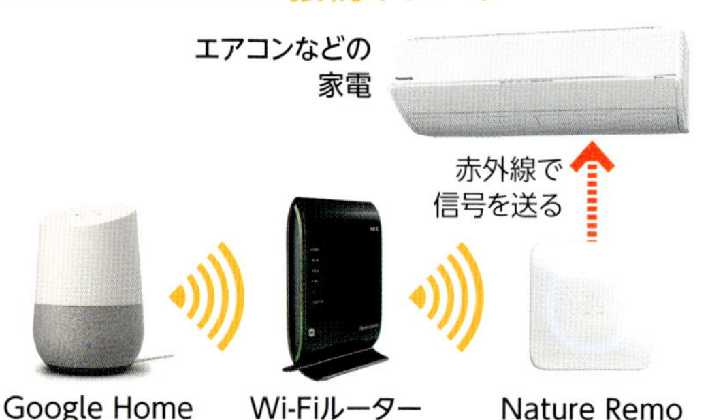

Google Homeに音声で操作内容を伝えると、Wi-Fi経由でNature Remoに送信され、赤外線で家電に信号を送ることによって操作できるしくみです。

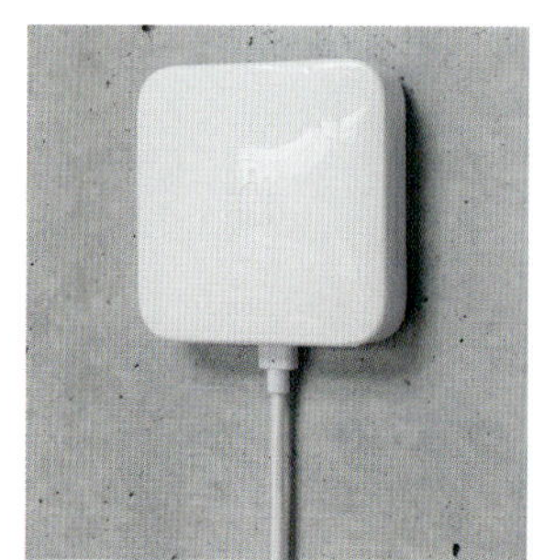

Nature Japan
Nature Remo
実勢価格：1万4040円
各種赤外線リモコンに対応したスマートリモコン。温度・湿度計やモーションセンサー、照度センサー、ノイズセンサーも内蔵しています。

Android

iOS

アカウントを登録してセットアップを開始

1 ユーザー登録を開始する

「Nature Remo」アプリをインストールして起動します。Nature Remoは必ずログインして利用する仕様なので、初回起動時は「アカウント登録」をタップします。

2 メールアドレスを入力

ログインに使用するメールアドレスを入力して「次へ」をタップします。

3 ニックネームを指定する

続いて、アプリで使用するニックネームを設定します。ニックネームを入力して「完了」をタップしましょう。これで、初期設定は完了です。

4 Nature Remoのセットアップを開始

入力したメールアドレス宛に、確認メールが送信されます。引き続きNature Remoの初期設定に進みたい場合は、「次に、Remoをセットアップしましょう」をタップします。

Nature Remoの設定を完了させる

次に、アプリをインストールしたスマホとNature Remoを直接Wi-Fi接続します。その後、普段使用しているWi-Fiルーターの設定をNature Remoに転送することで、Wi-Fiルーターを介した通信が行えるようになります。設定を完了したら、Nature Remoに名前を付けます。「リビング」や「寝室」などわかりやすい名前を付けて、複数台のNature Remoを使い分けることも可能です。

Nature RemoとWi-Fi接続する

1 Remoに電源ケーブルを接続

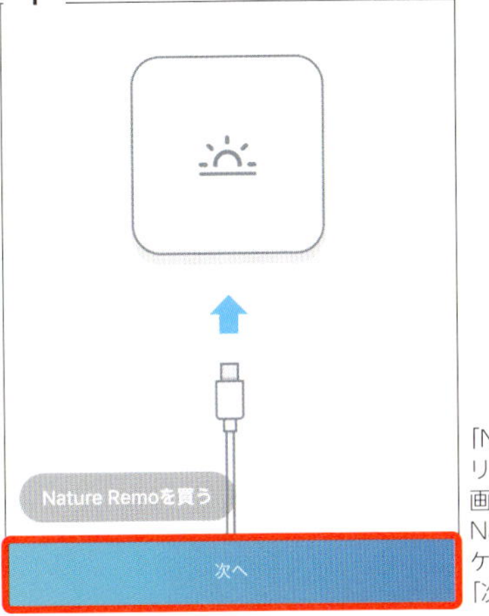

「Nature Remo」アプリで「Remoを接続」画面が表示されたら、Nature Remoに電源ケーブルを接続して「次へ」をタップします。

2 RemoのWi-Fiに接続する

「Wi-Fi設定を開く」をタップして、設定画面を開きます。Nature RemoのWi-Fi「Remo-XXXXX」を選択し、画面に表示されるパスワード(ここでは「natureremo」)を入力して接続します。

3 Wi-Fiルーターを検索

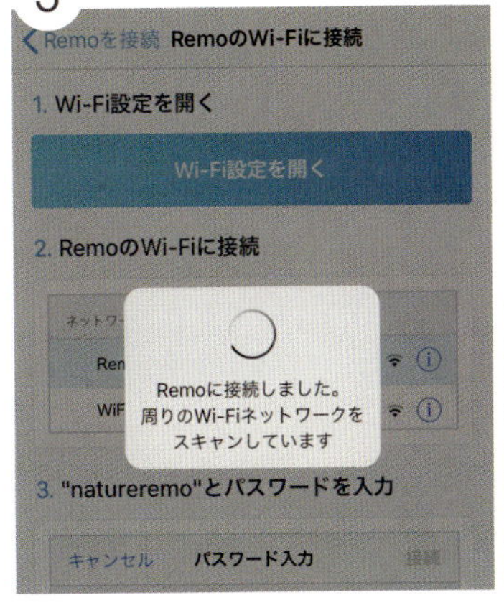

「Nature Remo」アプリに戻ると、周辺にあるWi-Fiルーターの検索が実行されます。あくまで自動検索なので、もしステルス機能などを使っているならあらかじめ解除しておきましょう。

4 Wi-Fiルーターのパスワードを入力

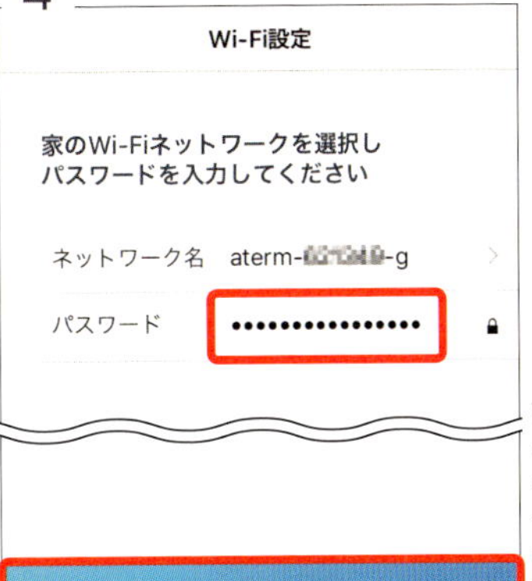

Wi-Fiルーターが見つかったら、パスワードを入力して「次へ」をタップします。パスワードは鍵のアイコンで表示/非表示を切り替えることができます。

5 設定を転送する

「Remoにタッチ！」画面が表示されたら、Nature Remoの中央部分をタッチします。これで、Wi-Fiルーターに接続するための情報がNature Remoに転送され、Wi-Fiルーター経由で通信できるようになります。

6 名前を入力する

Nature Remoを設置する部屋の名前など、わかりやすい名前を入力して「保存」をタップすれば、初期設定は完了です。

操作したい家電のリモコンを登録する

Wi-Fiルーターとの接続ができたら、使用したい家電のリモコンを「Nature Remo」アプリに登録し、操作できるようにしましょう。

エアコンの場合、主要なメーカーの製品情報があらかじめ用意されており、一般的な機種ならワンタッチで登録できます。テレビや照明も登録できますが、リモコンのボタンを個別に設定する必要があります。電源のオン／オフだけでなく、テレビのチャンネル変更や音量調整も可能なので、必要な機能を登録しておきましょう。

リモコンのボタンを使って認識

1 追加を開始する

初期設定が完了し「コントロール」画面が表示されたら、右上の「+」ボタンをタップして、家電の追加を開始します。

2 リモコンのボタンを押す

「家電の追加」画面が表示されたら、追加したい家電のリモコンをNature Remoに向けて、「電源」ボタンか「停止」ボタンを短く押します。

3 認識状況をチェック

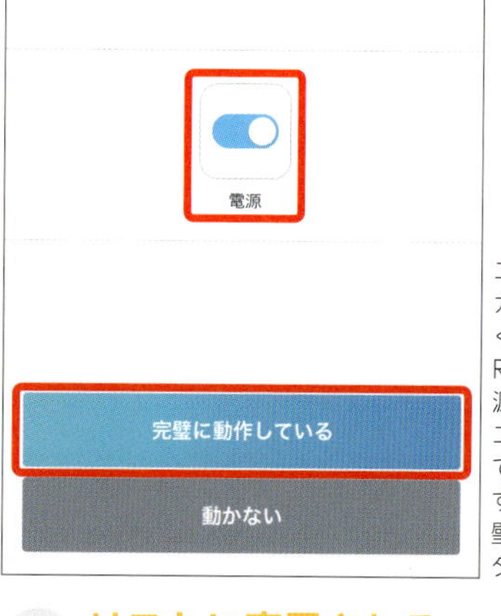

エアコンの場合はメーカーまで自動認識してくれるので、「Nature Remo」アプリの「電源」ボタンを押して、エアコンをオン・オフできるか確認してみます。問題なければ「完璧に動作している」をタップします。

4 家電を保存する

リモコンに問題がなければ、「保存」をタップして追加を完了させます。ここで、名前やアイコンを変更してから保存することも可能です。名前やアイコンの変更は、追加完了後にも行えます。

5 リストに表示される

追加の完了したエアコンが、リストに表示されました。あらかじめ標準の温度などを設定しておきたい場合は、リストからタップして選択します。

6 標準の温度を設定する

左の設定温度を上下に動かすことで、好みの温度に設定しておくことができます。風量や運転モードなどの切り替えも可能です。

Google Homeと連携させて声で操作

Google Homeを使って声で家電を操作するには、「Google Home」アプリと「Nature Remo」アプリを連携させる必要があります。まずはGoogle Homeに話しかけ、それから「Google Home」アプリでリンクの設定を進めます。連携が完了したら、実際に声で家電を操作してみましょう。なお、「ショートカット」機能を使えば、より簡単な音声コマンドで操作可能になります（63ページ参照）。

Google HomeとNature Remoをリンクさせる

1 リンクを開始する

OK Google、
ネイチャーリモに
つないで

ネイチャーリモと
リンクしていません。
Google Homeアプリで
Nature RemoとGoogle
アカウントをリンクできます

2 リンクを実行する

アクティビティの画面に「Nature Remoにリンク」が表示されるので、「リンク」をタップして「アカウントをリンク」を実行します。

音声でエアコンなどを操作する

1 エアコンの操作を開始する

OK Google、
ネイチャーリモに
つないで

こんにちは、
ネイチャーリモです。
エアコンやテレビ、ライトを
操作できます

2 主な音声コマンド

エアコンをつけて

（モデル名）を自動○○度に設定しました（設定温度）

エアコンを消して

（モデル名）をオフにしました

エアコンの暖房をつけて

（モデル名）を暖房○○度に設定しました（設定温度）

Column

IFTTT連携でさらに便利な機能を実現

Google HomeとNature Remoは、どちらもIFTTTというサービスに対応しています。これを利用すれば、たとえば「一度話しかけるだけで、エアコンと照明を同時にオフにする」といった高度な設定が可能になります。なお、IFTTTの使い方は68ページ以降で詳しく解説します。

IFTTTのサイト内にあるNature Remoのページ（https://ifttt.com/nature）には、Google Homeとの連携を便利にする機能が多数紹介されています。

4
4

スマート家電コントローラを音声で操作

「RS-WFIREX3」と連携させて家電を操作する

Google Homeとスマート家電コントローラを組み合わせれば、多くの種類の家電を声で操れます。ここでは、テレビやエアコンなどを操作する手順を紹介します。

さまざまな家電を音声でコントロール

ラトックシステムの「RS-WFIREX3」は、家電に付属する赤外線リモコンの代わりに使えるスマートコントローラです。エアコン、テレビ、照明など、さまざまな製品に対応しており、Google Homeと連携させて音声で操作することも可能です。1台ずつ操作するのはもちろん、「全部つけて」あるいは「全部消して」とリクエストして、複数の家電を一括で電源オンまたはオフにできる機能も便利です。利用するには、まず「スマート家電コントローラ」アプリで設定を行いましょう。

「RS-WFIREX3」の設定を開始する

1 ユーザー登録を実行する

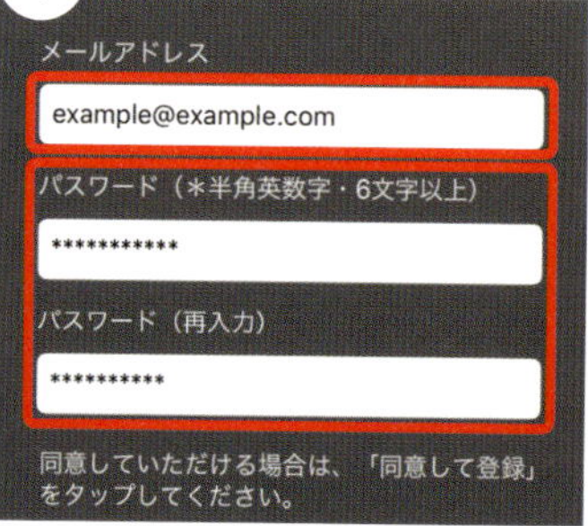

「スマート家電コントローラ」アプリをインストールし、起動します。Google Homeと連携させたいときは、最初にメールアドレスとパスワードを入力してユーザー登録を実行しておきましょう。

2 利用する製品を選択

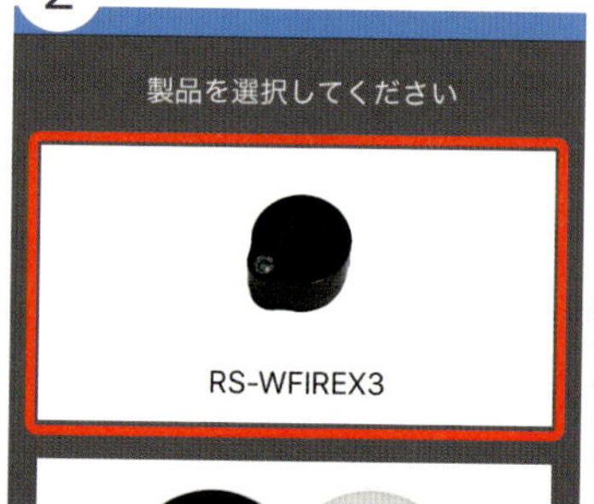

続いて、接続するスマート家電コントローラを選ぶ画面が表示されます。使用している「RS-WFIREX3」をタップして選択します。

3 接続方法を指定

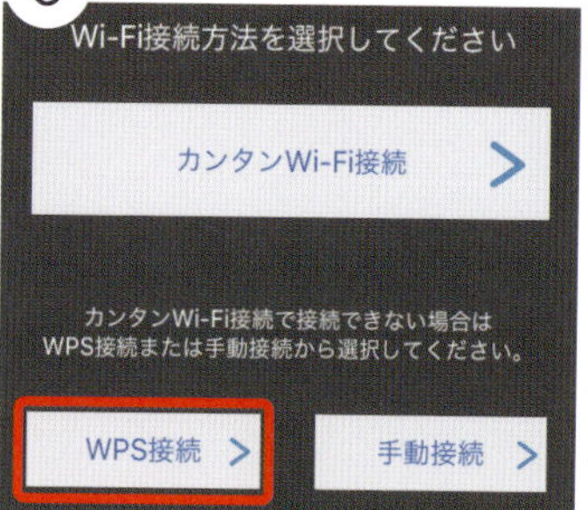

スマホと通信するため、Wi-Fiルーターとの接続設定を実行します。「カンタンWi-Fi接続」や「WPS接続」などの設定方法を選んで接続しましょう。

4 名前を入力

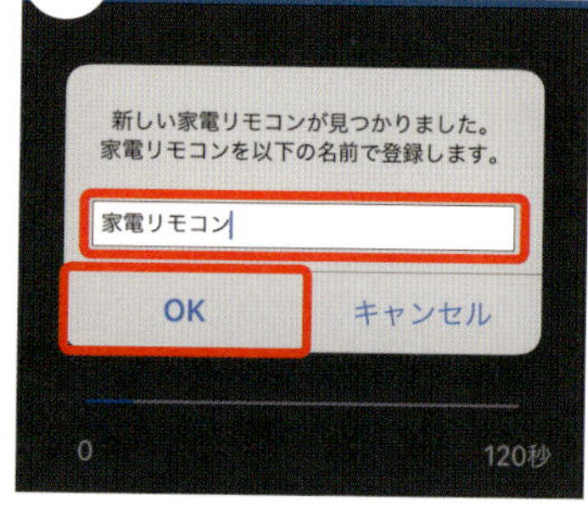

RS-WFIREX3との接続に成功すると、RS-WFIREX3の登録画面が表示されます。名前を入力して「OK」をタップします。

5 家外の使用を有効化

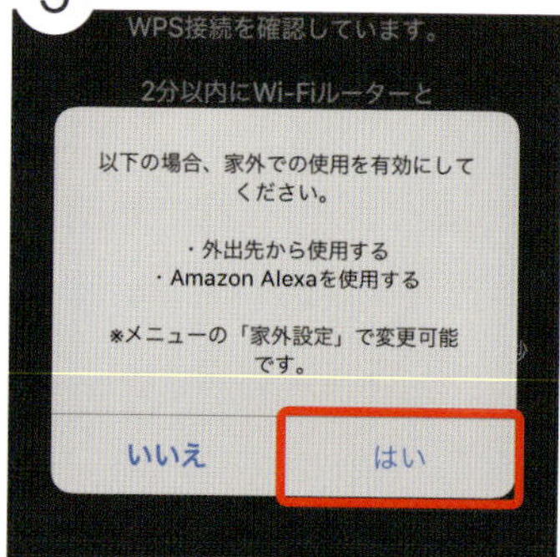

続いて、家外での使用についての確認画面が表示されます。Google Homeと連携させたいときは、「はい」をタップし、家外での使用を有効化しておきましょう。

ラトックシステム
RS-WFIREX3
実勢価格：7560円

各種赤外線リモコンに対応したスマート家電コントローラ。Wi-Fiルーターとの接続ではIEEE 802.11 b/g/n、周波数帯域2.4GHzでの通信が可能となっています。

スマート家電コントローラ
開発者：RATOC Systems, Inc.　価格：無料

操作したい家電のリモコンを登録する

Wi-Fiルーターに接続できたら、使いたい家電のリモコンを登録しておきましょう。アプリには、テレビやブルーレイ／DVDレコーダー、エアコン、ロボットクリーナーなどを登録することができます。ただし、Google Homeから操作できるのは、テレビ1台、エアコン1台、照明2台までとなっています(2018年2月現在)。

各ジャンルで多くのメーカーの製品があらかじめ登録されているので、新しいモデルならリストから選択するだけで登録を完了させることができます。

使いたい家電を選択して設定を行う

1 家電の種類を選ぶ

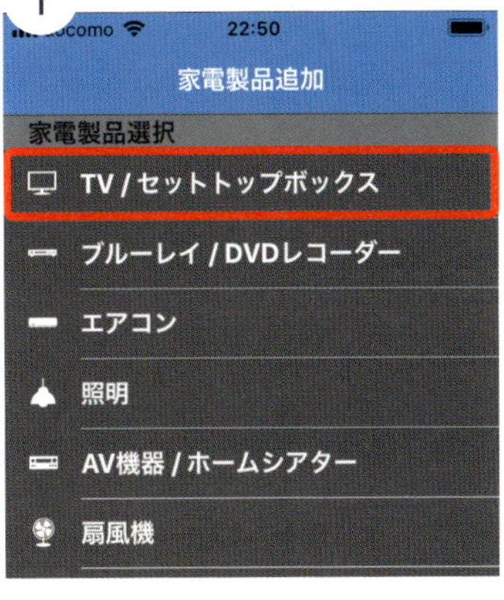

Wi-Fiルーターとの接続が完了したら、家電の追加画面が表示されるので、まず家電の種類を選択します。再び追加するときは、メニューから「家電製品の追加」を実行して、この画面を呼び出します。

2 家電のメーカーを指定

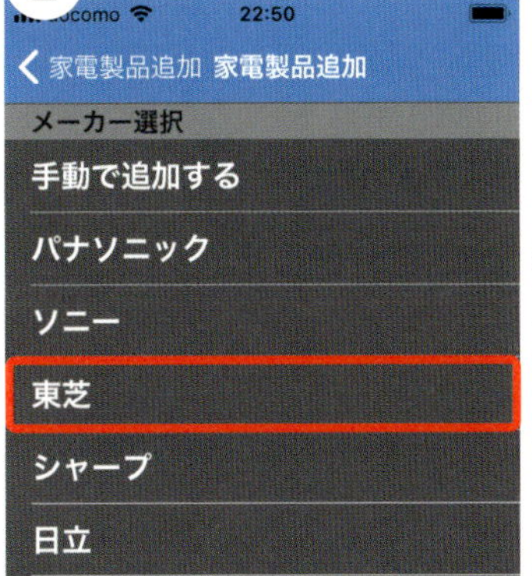

選択した製品の主なメーカーが表示されるので、所有している家電のメーカーをタップして指定します。主要なメーカーは網羅されていますが、リストに見当たらない場合は「手動で追加する」を選ぶこともできます。

3 製品のシリーズを選択

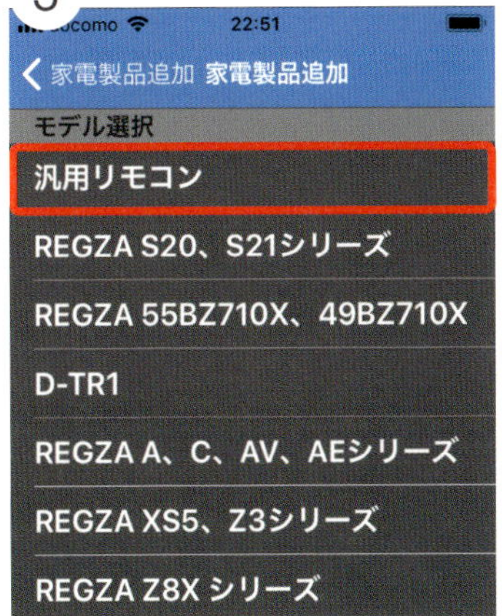

そのメーカーの最近発売されたモデルがシリーズ別に表示されるので、自分のモデルが含まれるシリーズを選択しましょう。リストに自分のモデルが入っていない場合は、「汎用リモコン」を選ぶこともできます。

4 リモコンをチェックする

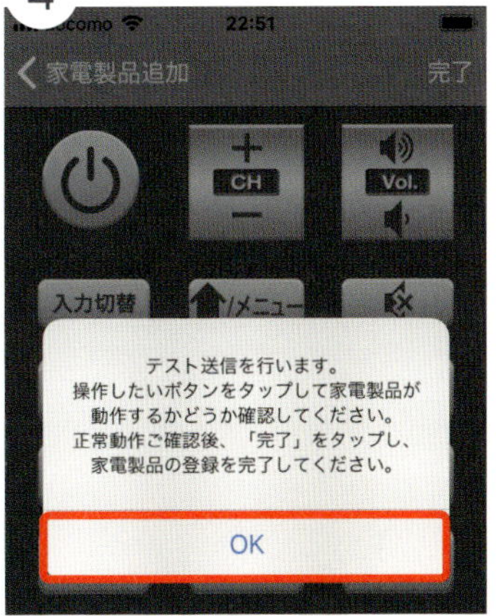

スマホにリモコンが表示されるので、テレビならチャンネルボタンを押してチャンネルが替わるか、音量ボタンを押して音量を上下させることができるか、確認します。

5 テストを完了する

リモコンのボタンで家電を正常に操作できたら、「完了」を選択します。うまく動かなかった場合は、元の画面に戻ってシリーズの選択などをやり直すこともできます。

6 家電の名前を入力する

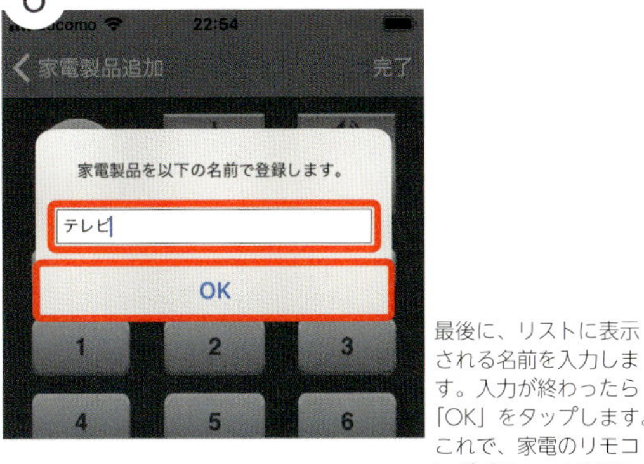

最後に、リストに表示される名前を入力します。入力が終わったら「OK」をタップします。これで、家電のリモコンが「スマート家電コントローラ」アプリに登録されました。

Google Homeと連携させる

リモコンを「スマート家電コントローラ」アプリに登録しただけでは、家電を声でコントロールすることはできません。Google HomeとRS-WFIREX3とを連携させる作業が必要になります。これは、Google Homeに話しかけたとき、何も情報がなければ命令を送るRS-WFIREX3を認識できないからです。このため、連携作業には「スマート家電コントローラ」アプリと「Google Home」アプリを使います。これが、家電を動かすのに必要な最後の準備となります。

2つのアプリを使って連携の設定を行う

1 登録作業を開始する

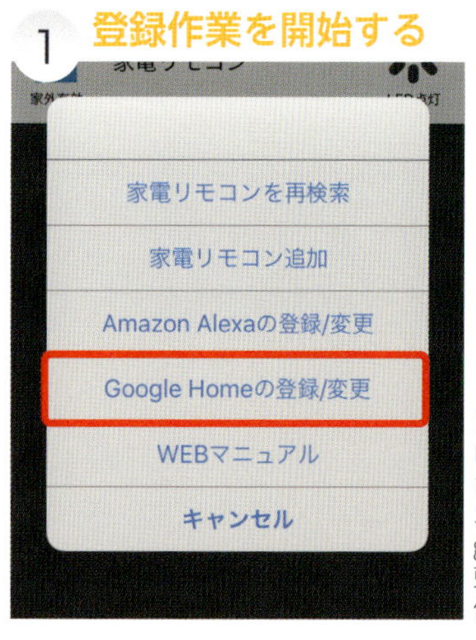

「スマート家電コントローラ」アプリを開きます。ホーム画面でメニューを表示し「Google Homeの登録/変更」をタップして登録作業を開始します。

2 操作する製品を選択

Google Homeの利用にはログインが必要なので、ログインしておきます。ログイン後に登録済みのRS-WFIREX3が表示されるので、タップして選択します。

3 Google Homeアプリを開く

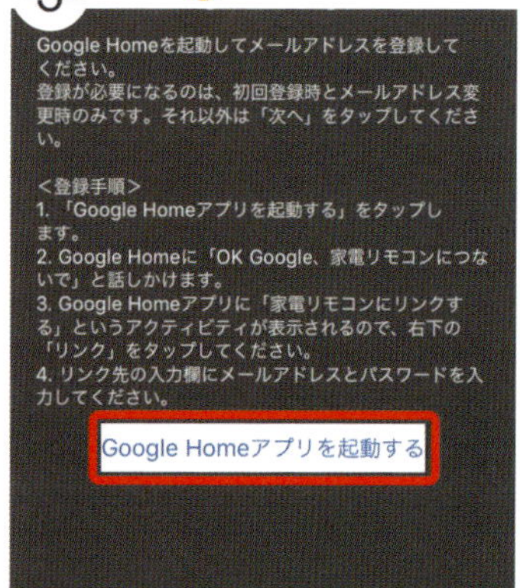

初回はGoogle Homeアプリでの登録作業が必要となるので、「Google Homeアプリを起動する」をタップします。続いて表示される画面で「開く」をタップすると、「Google Home」アプリの画面に切り替わります。

4 リンクを実行する

Google Homeアプリが起動したら、Google Homeに「OK Google、家電リモコンにつないで」と話しかけます。すると、「Google Home」アプリに「家電リモコンにリンク」というアクティビティが表示されるので「リンク」をタップします。

5 登録を実行する

「スマート家電コントローラ」アプリで登録したメールアドレスとパスワードを入力して、「登録」をタップします。これで連携のための登録が完了します。

6 Google Homeで使う家電を選ぶ

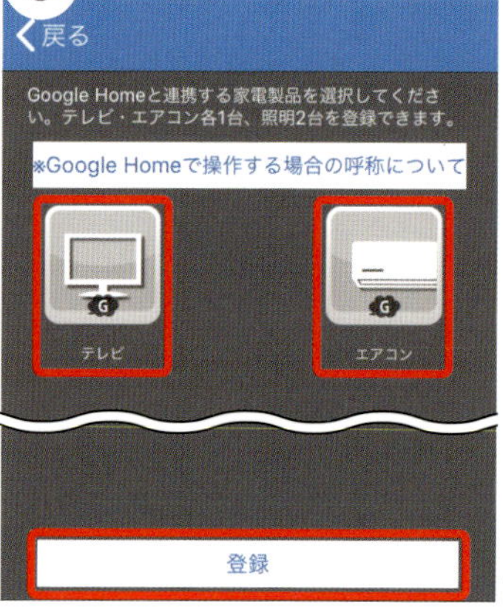

「スマート家電コントローラ」アプリに戻って「次へ」をタップします。Google Homeで使いたい家電をタップして「G」アイコンを表示させ「登録」をタップします。エアコンでは操作ごとの温度設定も可能です。

Google Homeで操作する

設定が完了すると、登録した家電を声でコントロールできるようになります。コントロール方法は2通りあります。ひとつは1回で操作内容をすべて話してRS-WFIREX3に操作を実行させる方法です。もうひとつは、「OK Google、家電リモコンを実行して」と話しかけ、そのあと家電の種類や操作を指定する方法です。ここでは、テレビは前者、エアコンは後者の方法で操作する場合を例に説明します。

テレビを操作する

1 テレビの音声などを設定

OK Google、
家電リモコンを使ってテレビをつけて

テレビをつけました

OK Google、家電リモコンを使って
テレビの音量（ボリューム）を4上げて

ボリュームを変更しました

OK Google、家電リモコンを使って
テレビの音量（ボリューム）を4下げて

ボリュームを変更しました

OK Google、家電リモコンを使って
テレビをミュートして

消音にしました

2 チャンネルを設定

OK Google、家電リモコンを使って
テレビを1チャンネルに替えて

チャンネルを1にしました

OK Google、家電リモコンで
テレビのチャンネルを上げて

チャンネルを上げました

OK Google、家電リモコンで
テレビのチャンネルを下げて

チャンネルを下げました

エアコンを操作する

1 家電リモコンを呼び出す

OK Google、
家電リモコンを使って

はい、家電リモコンです。
どの家電を操作しますか

OK Google、
家電リモコンにつないで

はい、家電リモコンです。
どの家電を操作しますか

2 エアコンを設定

エアコンの暖房を点けて

暖房を20度に設定しました
（標準の温度に設定される）

エアコンの暖房を21度にして

暖房を21度に設定しました

除湿を標準+2度にして

除湿を標準+2度に設定しました

エアコンを自動で点けて

自動を標準にしました

エアコンを消して

エアコンを停止しました

ショートカットでもっと簡単に操作する　Column

Google Homeのショートカット機能を使えば、「家電リモコンを使って」を省略して簡単に操作できるようになります。設定は、「Google Home」アプリのメニューから「その他の設定」→「ショートカット」を選択して行います。「テレビをつけて」など、よく実行する操作を登録しておきましょう。

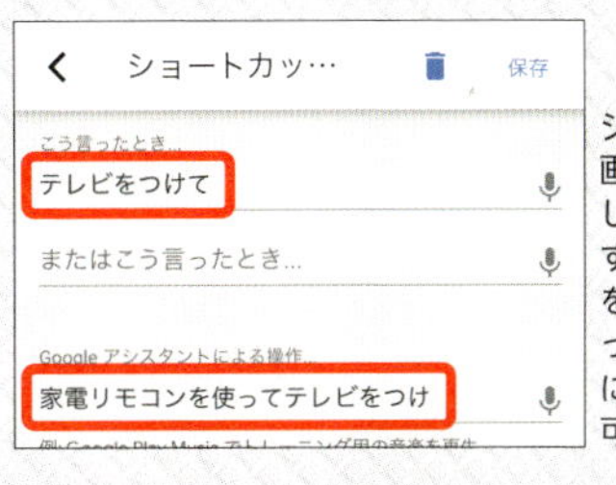

ショートカットの設定画面で「+」をタップしてついかを開始します。「テレビをつけて」を「家電リモコンを使ってテレビをつけて」に割り当てれば省略が可能になります。

照明のオン／オフや調光が音声で操作できる

照明をGoogle Homeでコントロールする

標準でGoogle Homeに対応している家電なら、別途リモコンを用意しなくても、音声による操作が可能です。ここではフィリップス「Hue」の使い方を紹介します。

スマート電球をGoogle Homeで制御する

「Hue」は、フィリップスが販売するスマートLED電球です。ZigBee Light Linkという規格に準拠した制御技術が用いられ、専用コントローラーの「Hueブリッジ」を経由して、スマホやGoogle Homeなどのスマートスピーカーから操作できるのが特徴です。ここで紹介する「Hue スターターセット」は、明かりの色を変えられるLED電球とHueブリッジがセットになった製品です。点灯や消灯だけでなく、明るさや色の変更も音声で操作できます。

使用するには、まずスマホ用の「Philips Hue」アプリでHueブリッジと電球のセットアップを行います。そのあと「Google Home」アプリを使ってGoogle Homeとの連携を設定すれば、音声による操作が可能になります。

Hueの接続イメージ

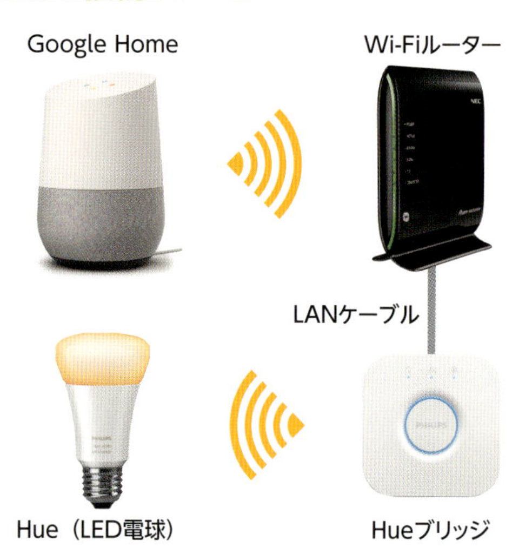

Hueは、電球そのものがHueブリッジで制御できるため、一般的な照明器具（E26口金に対応したもの）にセットすれば使用できます。Hueブリッジを付属のLANケーブルでWi-Fiルーターに接続することで、Google HomeからWi-Fi経由でリクエストを送信可能になります。

フィリップス
Hue スターターセット
実勢価格：2万7890円

気分やシーンに合わせて色を変えられるLED電球3個と、Hueブリッジのセットです。別売の電球を1個ずつ買い足すこともできます。

hue PHILIPS
Philips Hue
開発者：Philips Lighting BV
価格：無料

Android

iOS

Hueブリッジとライトのセットアップを行う

1 Hueブリッジを探す

1個の新しい Hue ブリッジ が検出されました
セットアップ
ヘルプ
Meethue.com にアクセス

Wi-Fiルーター

HueブリッジとWi-FiルーターをLANケーブルで接続し、電源を入れておきます。「Philips Hue」アプリを起動すると、Hueブリッジの検索が自動的に開始されます。Hueブリッジが見つかったら、「セットアップ」を選択します。

2 ボタンをタップして接続

「プッシュリンク」画面が表示されるので、画面下のバーがオレンジ色になる前に、Hueブリッジの「プッシュリンクボタン」をタップします。これで、アプリとHueブリッジが接続されます。

3 アクセス許可とアプリの更新

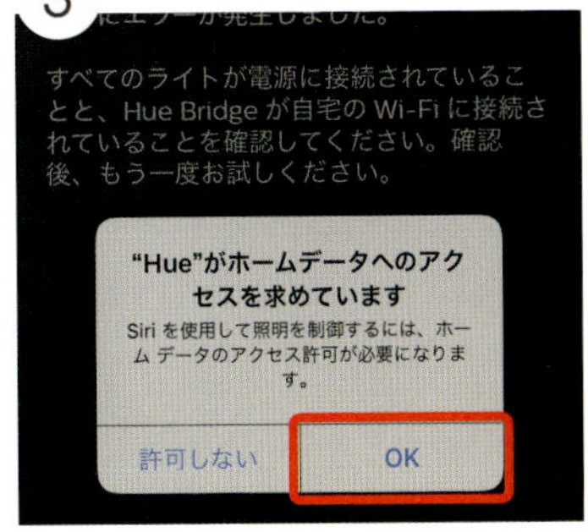

iPhoneの場合はホームデータへのアクセスを求められるので、「OK」をタップします。また、ソフトウェア更新が見つかった場合は、画面の指示にしたがって更新しておきましょう。

4 ライトをセットアップする

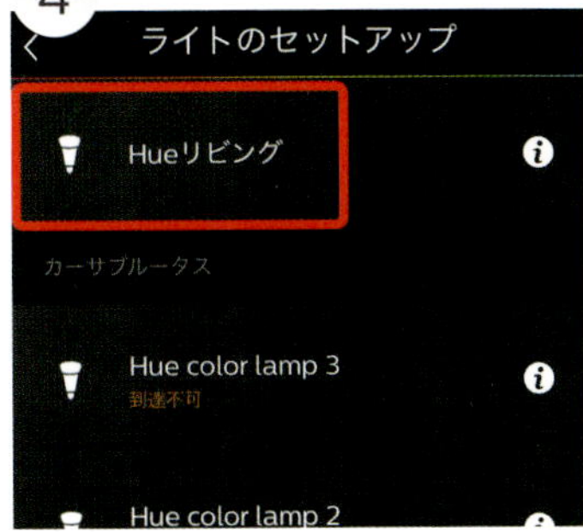

「ライトのセットアップ」を選択すると、Hueブリッジとリンクしているライトが表示されます。タップすると、対応するライトが点滅します。ここで名前の変更や、不要なライトの削除も可能です。

Google Homeとの連携を設定する

1 Hueとの連携を開始する

「Google Home」アプリを起動し、画面左上の「≡」→「デバイス」をタップします。連携させたいGoogle Homeの右上にある「…」をタップし、「設定」をタップします。

2 スマートホーム画面を開く

設定画面が表示されたら「スマートホーム」をタップし、続いて表示される画面で右下の「+」をタップします。

3 デバイスの追加を実行する

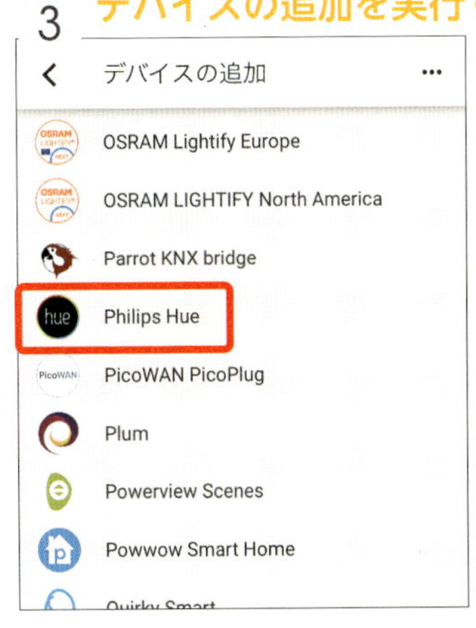

「デバイスの追加」画面で「Philips Hue」をタップします。このあとサインイン画面が表示されるので、アカウントを新規作成するか、Googleアカウントを使ってサインインします。

4 Hueをリンクさせる

サインイン後、ブリッジとのリンクを行うための画面が表示されるので、ボタンのイラストをタップします。「正常にリンクされました」と表示されたら「続行」をタップします。

5 Hueの部屋を指定する

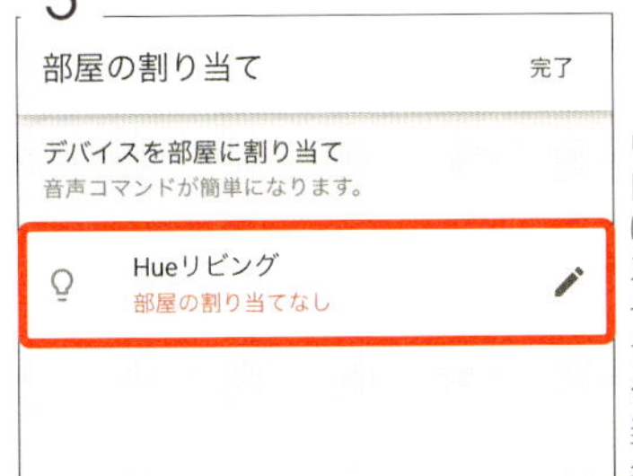

リンクが完了すると「スマートホーム」画面に「Philips Hue」のリストが表示されます。その中から設定したいライトの名前を選んでタップし、「部屋の割り当て」画面でもう一度名前をタップします。

6 使用する部屋を選択

一覧からHueを使用する部屋を選択し、左上の「<」をタップします。このあと「完了」をタップすれば、設定はすべて完了です。

Google HomeからHueを操作する

設定がすべて完了したら、Google HomeからHueを操作してみましょう。点灯や消灯、明るさや色の調整など、話しかけるだけで簡単にコントロールできます。あらかじめ設定しておいた名前でライトを識別することで、Hueをいくつも使っている場合でも、個別に操作することが可能です。また、すべてのライトをまとめて消灯するといった操作にも対応しています。

音声でライトを点灯する

OK Google、
（ライトの名前）をつけて

はい、（ライトの名前）を
オンにします

その他の音声コマンド

音声コマンド	動作
「（ライトの名前）を消して」 「（ライトの名前）をオフにして」	ライトが消灯する
「（ライトの名前）の明るさ50%」 「（ライトの名前）を明るくして」	ライトの明るさを調整
「（ライトの名前）の色を赤にして」	ライトの色を変更
「ライトを全部消して」 「ライトを全部明るくして」	複数のライトを一括で操作

ほかにもある！ Google Homeに対応した家電製品 Column

Google Homeで操作できる家電は、ここまでのページで紹介したもの以外にも、さまざまな製品があります。クッキングや掃除などの家事をサポートしてくれる家電を音声で操作すれば、毎日の生活がもっと快適で便利になるでしょう。代表的な製品をいくつか紹介します。

Hue ホワイトグラデーション スターターセット

●メーカー：フィリップス
●実勢価格：1万4520円

すでに紹介したHueと同じシリーズですが、こちらはホワイト系のグラデーションのみに対応したLED電球です。電球色から昼白色までの調整が可能です。

ヘルシオ ホットクック KN-HW24C

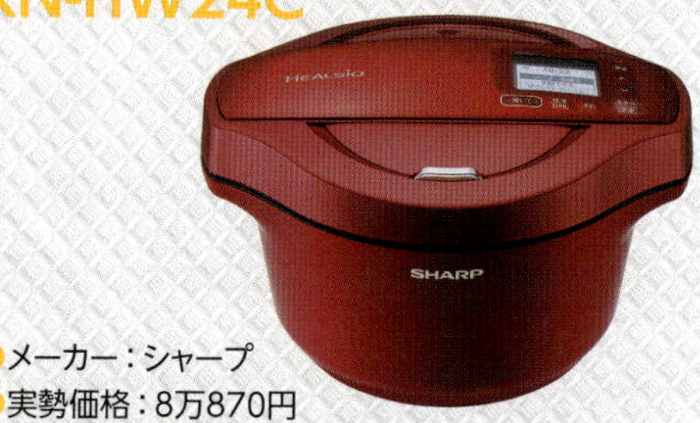

●メーカー：シャープ
●実勢価格：8万870円

食材と調味料を入れるだけで料理が作れる「ヘルシオ ホットクック」の最新モデル。あいまいなワードで話しかけるだけで、メニューの検索や相談ができます。

プラズマクラスター冷蔵庫 SJ-GX55D

●メーカー：シャープ
●実勢価格：23万3100円

大容量のプラズマクラスター冷蔵庫。季節に合わせたメニューの検索や、買い物リストの作成・更新を音声で行えます。

ルンバ890

●メーカー：アイロボットジャパン
●実勢価格：7万5470円

部屋を自動できれいにしてくれる掃除ロボット。「OK Google、ルンバを使って掃除して」と話しかけるだけで掃除を始められます。

Chapter 5

IFTTTで Google Homeの機能を拡張する

Google Homeの音声認識機能を使えば、SNSに投稿したりメモを取ったりすることもできます。ただ、Google Home単体ではできないので、IFTTT（イフト）というサービスを組み合わせます。この章では、IFTTTや類似サービスのZapier（ザピア）を使って、Google Homeをもっと活用する方法を紹介します。万人向けとはいえませんが、自分が便利と感じる組み合わせがあれば、試してみてください。

Google Homeと各種サービスの連携に役立つ！

IFTTTを利用するための準備を行う

「IFTTT（イフト）」は、複数のウェブサービスを連携させ、より便利に使えるようにしてくれるサービスです。まずは基本的な利用方法を覚えておきましょう。

まずはIFTTTのしくみを知っておこう

「IFTTT」という名称は「If This, Then That」の略で、「もし○○なら××する」というような意味です。つまり、ある条件が満たされた場合に、あらかじめ決めておいた動作を自動的に実行するという機能を提供するサービスなのです。この条件を「トリガー」といい、実行する動作を「アクション」と呼びます。

アクションとトリガーには、それぞれTwitterやGmailなどのWebサービスのほか、Googleアシスタントも指定できます。そのため、特定のワードでGoogle Homeに話しかけたとき、各種サービスで自動的に処理を実行することが可能です。

IFTTTのアプレットとはどういうものか

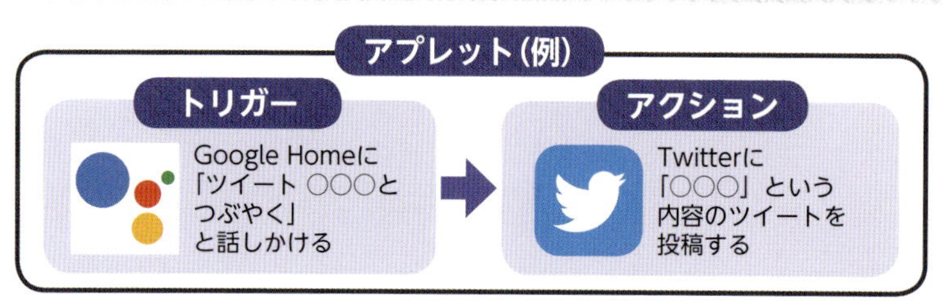

IFTTTでは、トリガー（条件）とアクション（実行する動作）をセットにしたものを「アプレット」（旧名称は「レシピ」）と呼んでいます。左の例のように、Googleアシスタントへのリクエストをトリガーとして設定すれば、話しかけるだけで各種サービスを利用できるアプレットを作成できます。

IFTTTのアカウントを作成する

1 IFTTTにアクセスする

パソコンのブラウザでIFTTTのWebサイト（https://ifttt.com/）にアクセスし、画面右上の「Sign up」をクリックします。

2 サインアップ方法を選択する

GoogleやFacebookアカウントでサインアップするときは、利用するサービス名をクリックして認証します。メールアドレスでサインアップするときは、画面下部の「sign up」をクリックします。

3 アカウント情報を登録する

登録するメールアドレスをIFTTTのサインインに使うパスワードを入力し、「Sign up」をクリックします。これで登録が完了します。

4 メールの通知を確認する

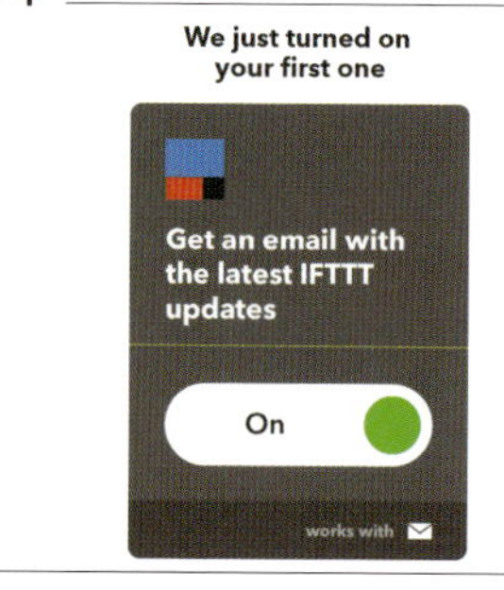

IFTTTからのメールを受信する場合は、表示された画面のスイッチをクリックし、「On」にします。

アプレットの基本的な使い方を覚えよう

IFTTTのアプレットは、自分で作成する以外に、あらかじめ用意されているものを利用することもできます。まずは既存のアプレットを使ってみて、基本的な手順を確認しておくとよいでしょう。ここでは、Instagramに写真を投稿したら、同じ写真を自動的にTwitterにも投稿するというアプレットを例に手順を説明します。

なお、IFTTTの画面上部にある「My Applets」をクリックすると、今までに使用したアプレットの確認やオン／オフの切り替えが可能です。

使いたいアプレットを探して有効にする

1 アプレットを選択する

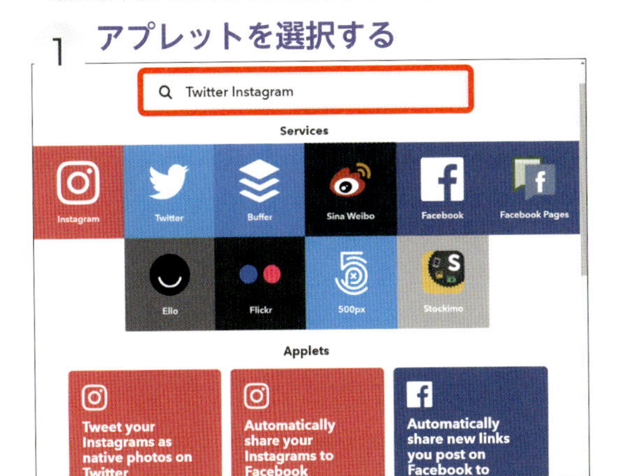

画面上部の「Search」をクリック。検索ボックスに「Twitter Instagram」と入力します。検索結果から「Tweet your Instagrams as native photos on Twitter」をクリックします。

2 アプレットを有効にする

選択したアプレットの画面が表示されます。画面下部にある「Turn on」をクリックします。

3 アクセス許可を確認する

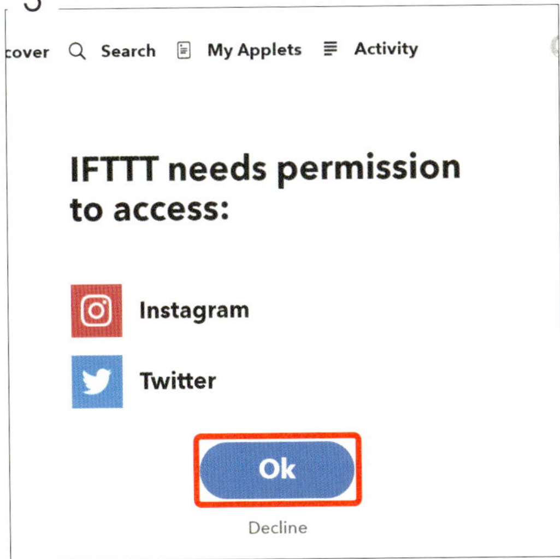

InstagramとTwitterのアクセス権が必要であることを説明する画面が表示されるので、「Ok」をクリックします。

4 アカウントを連携する

各サービスの認証画面が表示されます。それぞれのアカウントとパスワードを入力し、認証します。認証が完了すると、このアプレットが有効になり、Instagramに投稿した写真がTwitterに投稿も投稿されるようになります。

Point! スマホでIFTTTを利用する

ここではパソコンからIFTTTにアクセスする場合を例に説明しましたが、スマホでもほぼ同様の手順で使うことができます。専用のアプリが用意されているので、利用するとよいでしょう。

開発者：IFTTT
価格：無料

Android

iOS

5 2

アプレットを使うための基本的な手順を覚えよう

Google Homeに返事をさせる

IFTTTのGoogle Assistant用アプレットは、英語で動作する状態で提供されています。日本語での指示に反応するようにカスタマイズして使いましょう。

日本語でやりとりできるように設定を変更する

Google アシスタント用アプレットはほとんどが英語で指示やレスポンスを行う設定で提供されており、そのままでは日本語で指示を出しても反応しません。ここでは、指示を出すとGoogle Homeが定型の文章を返す簡単なアプレットを例に、日本語で扱えるようにするカスタマイズ手順を紹介します。指示として設定する文章は漢字かな混じり文でも大丈夫ですが、長すぎると反応されにくくなります。

アプレットを有効にする

1 アプレットの有効化を開始する

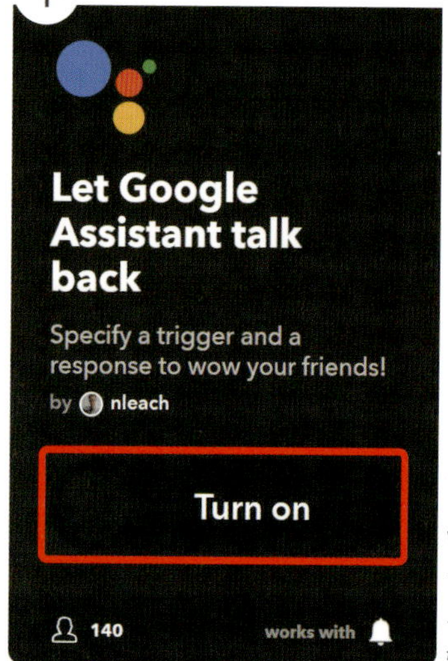

ブラウザやIFTTTアプリでアプレットのWebページにアクセスし、「Turn on」をクリック/タップしてアプレットの有効化を開始します。

2 設定画面が表示される

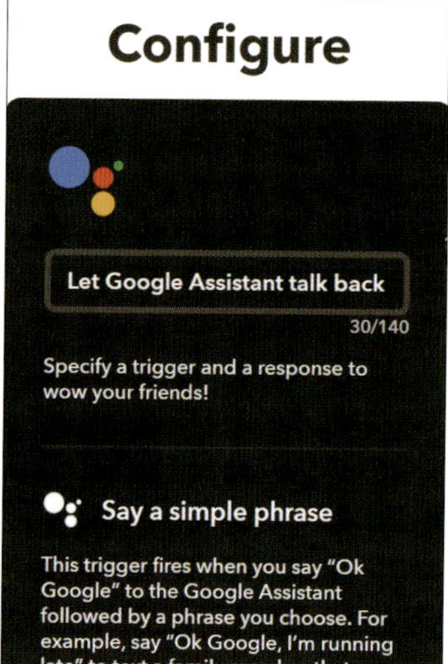

有効化が始まると、「Configure」画面が表示されます。この段階では、日本語への切り替え項目は表示されていません。

3 初期設定のまま保存する

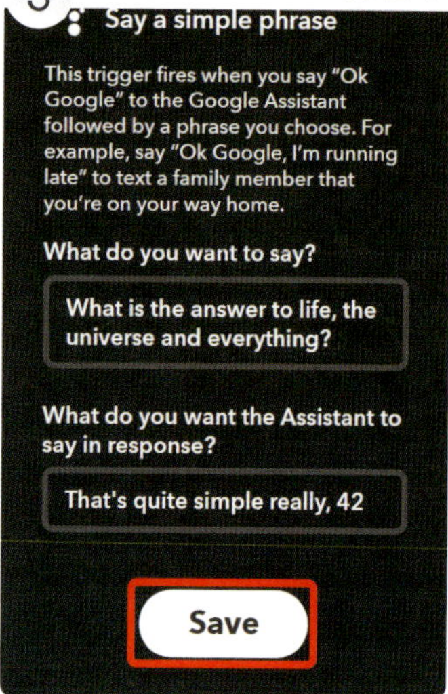

いったん、設定項目を変更せずに「Save」をクリックして設定を保存します。

4 アプレットが有効化される

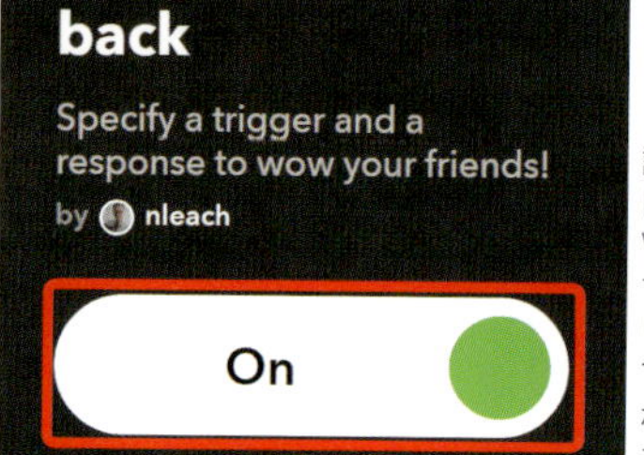

設定が保存されると、自動的にアプレットのWebページに戻ります。「Turn on」の代わりに「On」と表示されていることで有効化されていることがわかります。

Let Google Assistant talk back

開発者：nleach　価格：無料
URL：https://ifttt.com/applets/72782808d

有効化したアプレットを日本語対応に設定する

1 設定画面を呼び出す

アプレットのWebページ右上にある歯車アイコンをクリックすると再度設定画面が表示されるので、設定を日本語に変更します。

2 設定項目を日本語に変更する

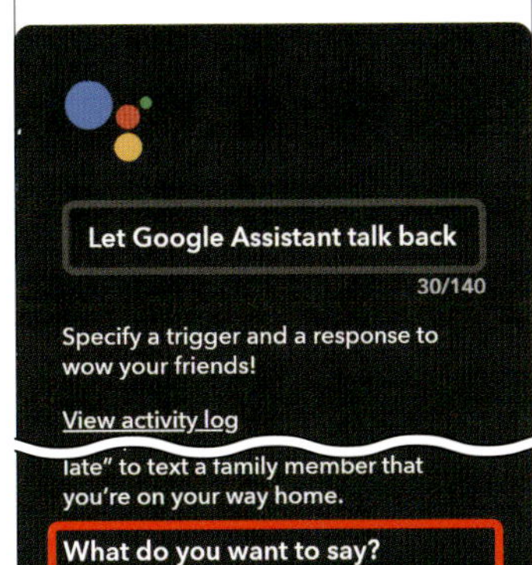

ここには、このアプレットを起動するトリガー（きっかけ）となる指示文を入力します。入力欄は3カ所ありますが、下の2つは別の言い方を登録するための予備欄で、不要なら空白でかまいません

Google Homeにいわせたい返答を入力します

「Language」は、必ず「Japanese」を選択します。この設定でGoogle Homeに話しかけた音声を日本語として認識するようになります

アプレットが動作したことをIFTTTアプリで通知するときの文章を入力します

入力が完了したら、「Save」をクリックして設定を再保存します

3 アプレットの動作を確認する

OK Google、
人生を教えて

いたって簡単、
42です

アプレットの設定が終わったら、実際に語りかけてみましょう。指示音声が正常に認識されれば、アプレットに設定した文章で返答してくれます。

Point！

誤作動しない指示文を調べよう

Google Home自体が反応できる文章を指示文にすると、アプレットより先に、Google Homeが反応してしまいます。「すみません、お役に立てそうにありません」という返答であればHomeには反応できない文章なので、アプレットの指示文にしても大丈夫です。

Attention!!

アプレットの設定は反映までに時間がかかる

アプレットの設定を変更した直後に動作確認しても、「すみません、～」という反応が返ってくることがあります。反映に時間がかかることがあるようなので、数分待ってからもう一度試してみるとよいでしょう。

Point！

IFTTTアプリからの通知メッセージ

アプレットが動作すると、スマホのIFTTTアプリが通知で知らせてくれる設定があります。この通知に表示されるメッセージは、設定画面の「Message」で好きな文章に差し替えることが可能です。

22:32
2月15日 木曜日
IFTTT
Googleがお答えしました。

5-3

TwitterやFacebookに音声で書き込むには

いろいろなSNSにGoogle Homeから投稿する

Google HomeからIFTTTのアプレットへの指示には、任意の数字や文章を含められます。ここではGoogle Homeに話しかけて、その文章をSNSに投稿してみましょう。

Twitterに文字どおりの「つぶやき」を投稿する

Twitterへの投稿を「つぶやく」と表現しますが、Google HomeとIFTTTを組み合わせれば、本当につぶやきをTwitterに投稿可能です。Google Homeの優れた音声解析により、定型の指示文のほか、自由に考えた文章を漢字かな混じり文に変換ができるのです。発音の聞き間違いも漢字の誤変換もほとんどありません。アプレットのアクション側（SNS）では、その文章を自動的に投稿します。

任意の文章をTwitterに投稿する

1 有効化してから設定画面を呼び出す

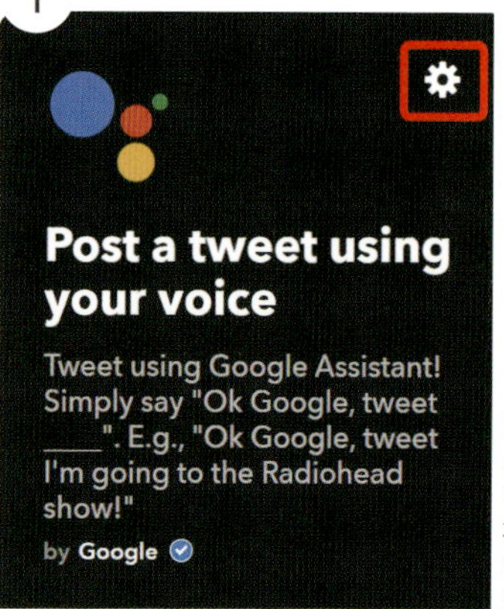

「Turn on」→「Save」とクリックしてアプレットを有効化してから、右上の歯車アイコンをクリックして設定画面を呼び出します。

2 「$」混じりの指示文を設定する

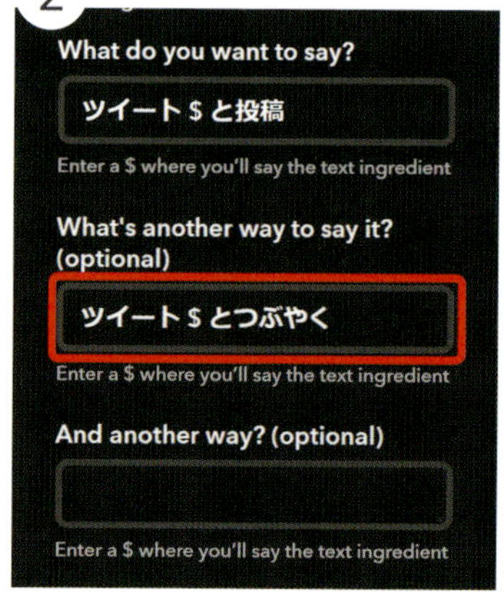

指示文は、自由な文章を挟む位置に半角の「$」を加えて設定します。実際に指示をいう際には、この「$」に当たる部分で任意の文章を発声します。

3 Google Homeからの返答を設定する

返答の文章にも「$」を混ぜ込むことができます。実際に指示を出すと、「$」部分で聞き取った音声を復唱してくれます。

Post a tweet using your voice

開発者：Google　価格：無料
URL：https://ifttt.com/applets/72904310d

Point！ 「$」を記述する際の注意点

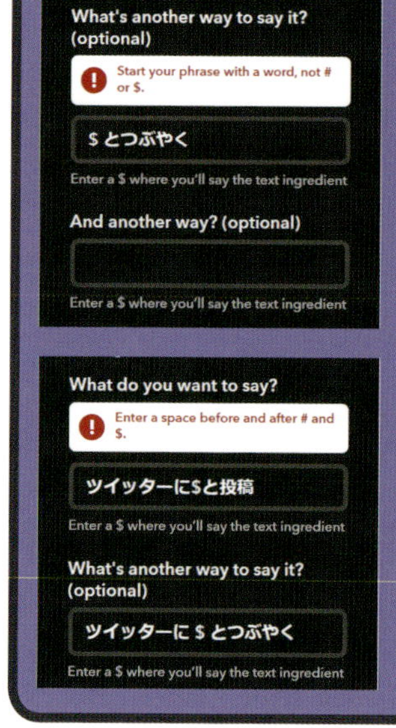

「$」を記述する際は、定型の指示文と区別するために、「$」の前後に半角のスペースを入れます。また、「$」から始まる指示文は指定できません。このような指示文を設定した場合、「Save」をクリックするとエラーメッセージが表示されて保存に失敗します。

4 Twitterへの投稿文を設定する

投稿文に「$」で認識した文章を混ぜ込むには、混ぜ込む場所に「{{TextField}}」というキーワードを記述します。その前後に、固定の文章を追記することも可能です。

5 Google Homeに話してみる

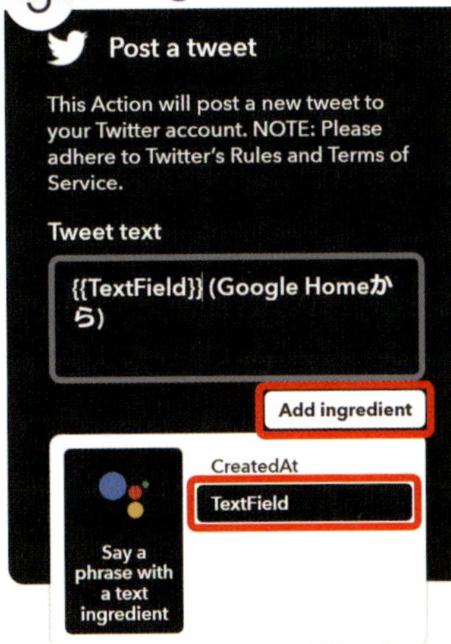

「{{TextField}}」などのキーワードは、入力欄の右下にある「Add Ingredient」をクリックして表示される一覧から選択すると、スペルミスを防げます。設定を「Save」で保存したら、実際にGoogle Homeに話しかけてみましょう。

6 ツイートが投稿される

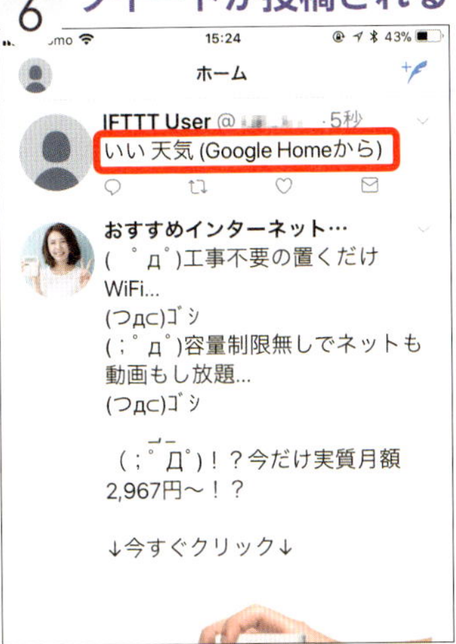

ここでは「OK Google、ツイート、いい天気と投稿」と話しかけてみました。すると、「OK、いい天気とつぶやきます」と返答があり、「いい天気」が投稿されたことがわかります。

Attention!! 「CreateAt」は使えない

キーワードの一覧には「CreateAt」（動作した瞬間の日時）も表示されますが、Google Homeでは今のところこのキーワードは使えません。組み込んだ部分には何も表示されないのです。

Point！ 有効化したアプレットを削除するには

使わなくなったアプレットは、設定画面下部の「Delete」をクリックすれば削除できます。

● FacebookやLinkedInへ音声で投稿する

Google Home用のアプレットには、任意の文章「$」を利用したものが数多く提供されています。各種SNS用のものもありますが、ここではFacebookとLinkedInへ自由な文章を投稿できるアプレットを紹介します。アプレットを自作すれば、LINEやFacebook Messengerへの投稿も可能です。

Google HomeからFacebookへ投稿する

1 有効化してから設定画面を呼び出す

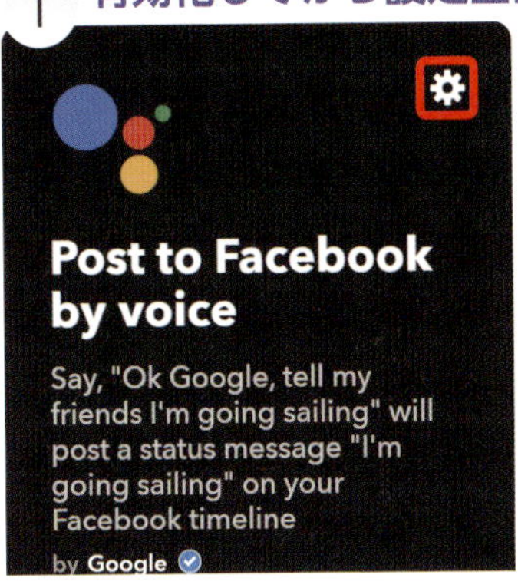

「Turn on」→「Save」とクリックしてアプレットを有効化してから、右上の歯車アイコンをクリックして再度設定画面を呼び出します。

2 指示文を設定する

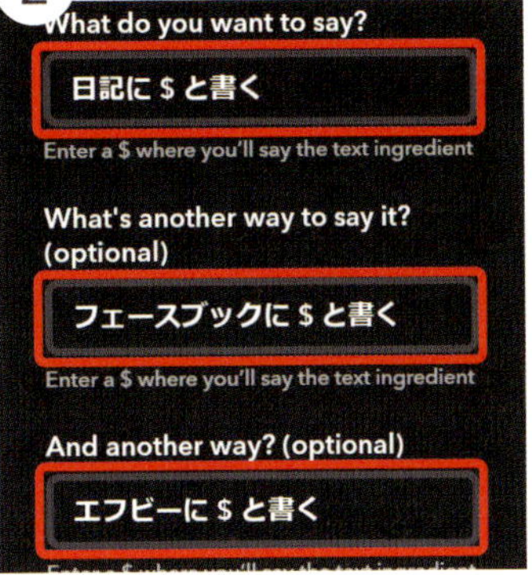

外来語のカタカナ表記では反応が鈍いようなので、3つの入力欄にそれぞれ別の指示文を記述し、反応を調べてみるとよいでしょう。

3 Google Homeに話しかけてみる

ほかのアプレットからの返答と間違えないよう、わかりやすい応答文にしておくと便利です。「Language」を「Japanese」にしておくことも忘れずに。設定を「Save」で保存したら、実際にGoogle Homeに話しかけてみましょう。

4 Facebookに投稿される

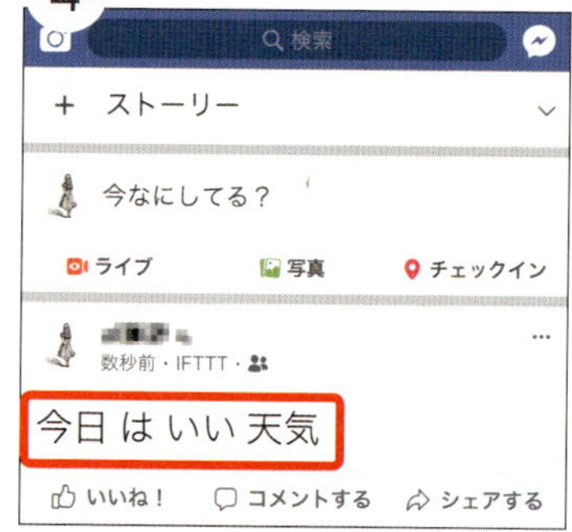

ここでは「OK Google、日記にいい天気と書く」と話しかけてみると、Facebookのタイムラインに「いい天気」というメッセージが書き込まれます。

Point！ 指示への反応が鈍いときは

話しかけても反応が鈍い場合は、3つの指示文欄にそれぞれ別の文章を登録して順に話しかけ、反応のいい文章を探すと効率的です。今回は「日記に～」が一番確実に反応し、「フェイスブック」「フェースブック」「エフビー」では一度も反応しませんでした。

Post to Facebook by voice

開発者：Google　価格：無料
URL：https://ifttt.com/applets/72916472d

Attention!! 「$」で扱える文章の長さは？

「$」はあまり長い文章を認識できず、指示自体が失敗して「すみません…」と返答されてしまいます。試してみたところ、「今日はいい天気、明日も晴れるかな、外出したい」は失敗し、「今日はいい天気、明日も晴れるかな、外出」までなら認識に成功しました。

LinkedInへ音声で投稿する

1 アプレットの設定を変更する

Say a phrase with a text ingredient

This trigger fires when you say "Ok Google" to the Google Assistant followed by a phrase like "Post a tweet saying 'New high score.'" **Use the $ symbol to specify where you'll say the text ingredient

What do you want to say?

リンクドインに $ を投稿

Enter a $ where you'll say the text ingredient

LinkedInも、TwitterやFacebookと同様に設定します。今回は、「リンクドイン」でGoogle Homeが反応してくれました。

Post a LinkedIn update by voice

開発者：Google　価格：無料
URL：https://ifttt.com/applets/72912014d

2 Google Homeに話しかけてみる

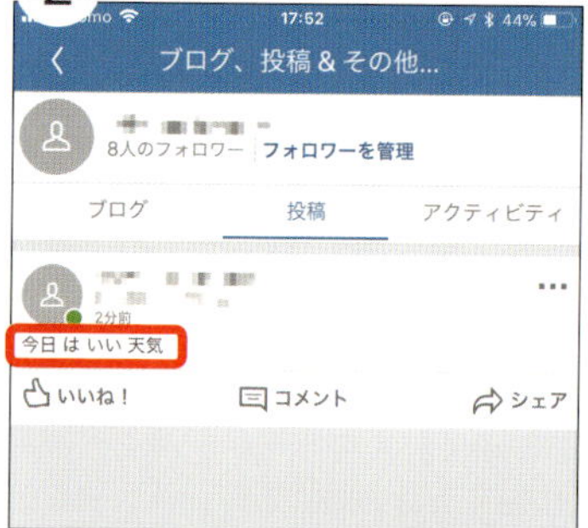

「OK Google、リンクドインに今日はいい天気を投稿」と話しかけると、「Ok、posting to LinkedIn、今日はいい天気」と返答があります。なお、LinkedInの場合は、話しかけてから実際に投稿されるまでに若干のタイムラグがあるようです。すぐに投稿されないと焦らず、数分待ってみましょう。

Point！ 同じアプレットを複数使うには

設定を変えて同じアプレットを複数使うには、そのアプレット画面下部の「Start」から別の設定画面を呼び出します。

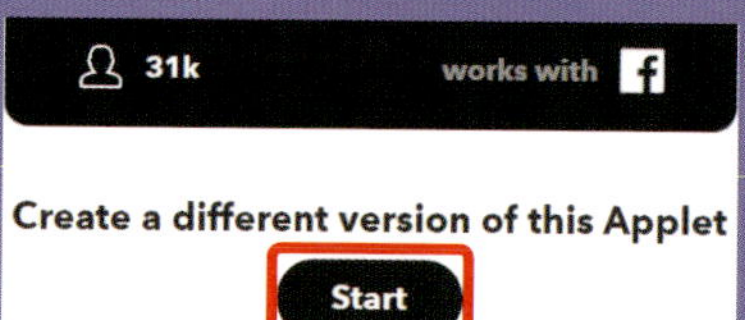

4 Evernoteでメモを取る

Google Homeで伝えた文章は、スプレッドシートなどのオンライン文書サービスにも記録できます。ここではEvernoteを例にアプレットを紹介しましょう。

口頭でしゃべった文章をEvernoteに記録する

Evernoteは、文章の入力やWebページの保存などができる、スクラップ帳のようなサービスです。ジャンルごとに情報を複数のノートブックに保存し分けたり、タグをつけて簡単に抽出できる機能も持っています。Google Homeに話しかけた文章も、アプレット経由でEvernoteにスクラップしておくことができます。思いついた瞬間に話しておくだけで、簡単にメモが取れるのです。

Google Homeに話しかけるだけのメモ機能を追加する

1 Google Home側の設定をする

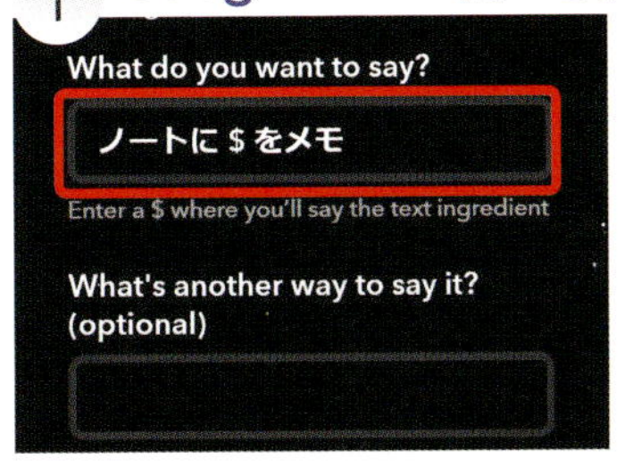

Google Home側の設定は、前述のアプレットと同じです。指示文、応答文を「$」混じりの日本語で記述し、「Language」をリストから「Japanese」にしておきます。

2 Evernote側の設定をする

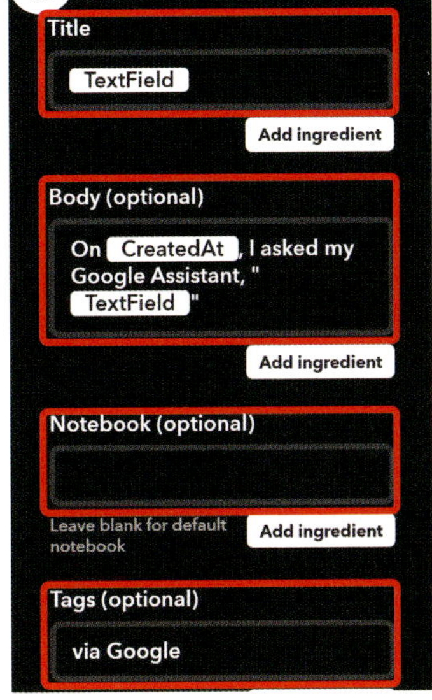

タイトルの設定は必須ですが、本文は必要に応じて調整すればよいでしょう。どのノートブックに記録するか、どんなタグを付けておくかの設定も行えます。

3 Google Homeに話しかけてみる

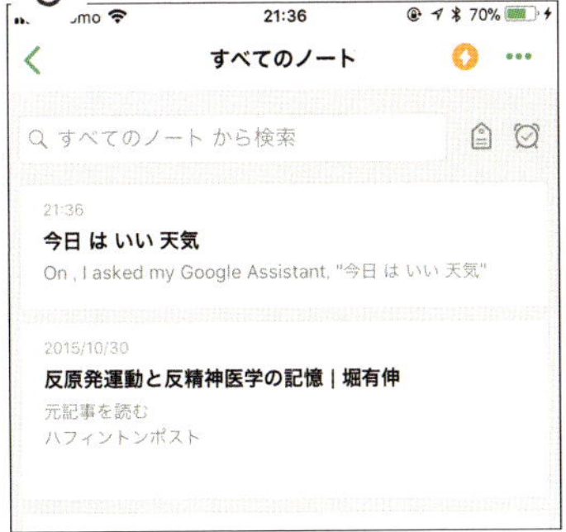

設定を保存したら、話しかけて動作を確認してみましょう。ここでは「OK Google、ノートに今日はいい天気とメモ」と話しかけると、「Evernoteに今日はいい天気を記載します」という返答があります。ひとこと、ふたこと程度の短文であれば簡単にメモを取れます。

Create a voice note on Evernote

開発者：Google　価格：無料
URL：https://ifttt.com/applets/478834p

4 メモ書きの詳細を確認する

書き込むノートブックの設定は省略したので、メモは「メモ」に保存されます。また、本文やタグは設定どおりに入力されています。

5-5

名前と電話番号を話しかけるだけでOK！

Googleコンタクトに新しい連絡先を登録する

Google Homeには、任意の文章と数字の両方を一度に認識する機能があります。これを利用してGoogleコンタクトに新規連絡先の登録が行えます。

日本の携帯電話番号を登録するなら工夫が必要

氏名や組織名などの名称と電話番号を話しかけるとGoogleコンタクトに新規連絡先を登録するアプレットがありますが、Google Homeが認識できる数字は8〜9桁まで。11桁ある日本の携帯電話番号を記録させようとしても失敗してしまいます。このような場合は市外局番は指示文で振り分けた複数のアプレットで、市外局番ごとに別々の設定で動作させるように組めばよいでしょう。

「090」用にアプレットを有効化する

1 アプレットを有効化する

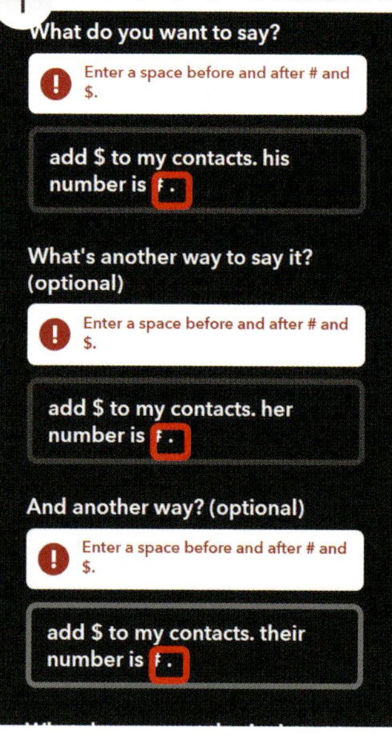

アプレットを有効化してから再度設定画面を読み出すのは前述のアプレットと同様ですが、このアプレットは初期設定では「Save」が失敗します。指示文末尾の「.」を削除してから「Save」をクリックします。

2 指示文を設定する

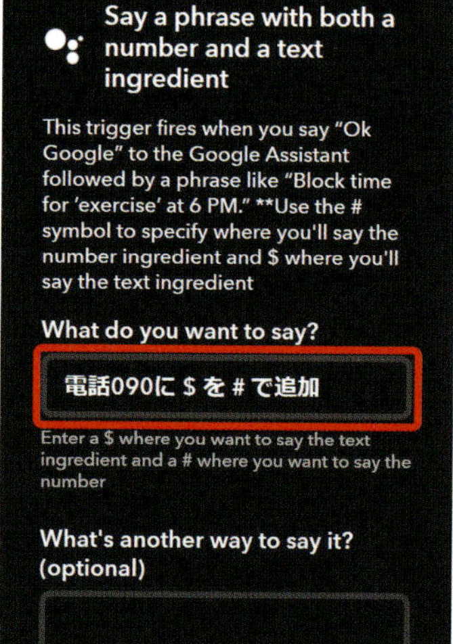

市外局番までを含めた定型句を指示文の頭とし、「#」（数字）では下8桁だけを読み上げるように設定します。

3 名称と電話番号を設定する

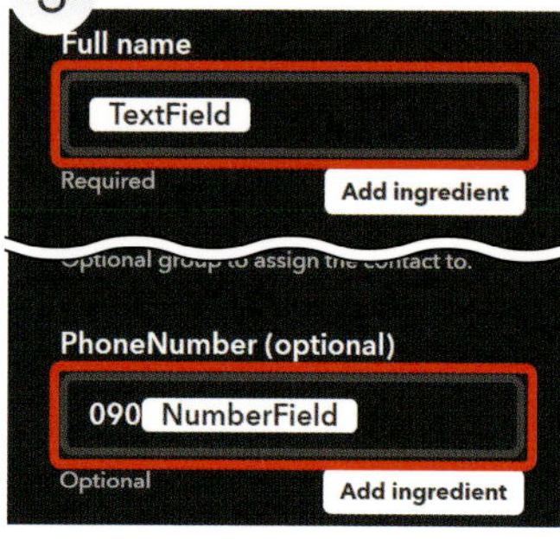

「Full name」（名称）には「{{TextField}}」で「$」で伝えた文章、「PhoneNumber」（電話番号）は「090{{NumberField}}」と、市外局番を決め打ちにした数字を記述します。

4 連絡先のグループを選択する

Googleコンタクトが保持しているどのグループに登録するかは、グループの一覧が表示されるリストから選択します。

Use Google Assistant to add a new Google Contact

開発者：Google　価格：無料
URL：https://ifttt.com/applets/479455p

5 Google Homeに語りかけてみる

OK Google、
電話090に「病院」を
「12345678」で追加

OK、アクションを実行します

設定を保存したら、実際に話しかけて確認してみましょう。間隔を空けると認識に失敗しやすくなるので、最後まで一気に話し終えるのがコツです。

6 動作結果を確認する

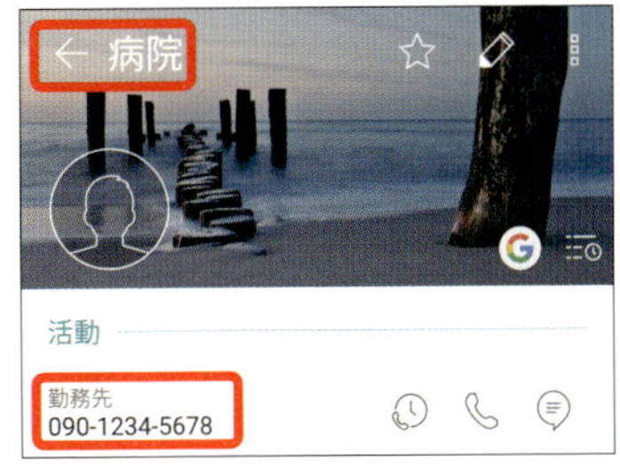

Googleコンタクトは Androidスマホの「連絡先」としても使われています。スマホで確認すると、「連絡先」に正しく登録されていることがわかります。

別の市外局番用にアプレットを追加する

IFTTTでは1つのアプレットの設定を変更し、別々のアプレットとして複数登録できる仕組みになっています。ここでは同じアプレットをもうひとつ有効化して、市外局番「080」用の設定を追加してみましょう。「070」「050」用のアプレットをさらに追加することも可能です。

「080」用にアプレットを追加する

1 追加の有効化を開始する

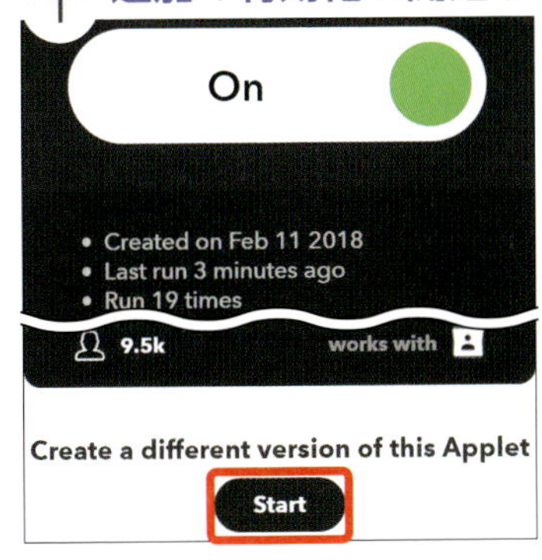

「090」用に有効化したアプレット画面下部にある「Start」をクリックすれば、同じアプレットの2つ目の有効化を開始できます。

2 指示文を設定する

Say a phrase with both a number and a text ingredient

This trigger fires when you say "Ok Google" to the Google Assistant followed by a phrase like "Block time for 'exercise' at 6 PM." **Use the # symbol to specify where you'll say the number ingredient and $ where you'll say the text ingredient

What do you want to say?

電話080に $ を # で追加

Enter a $ where you want to say the text

冒頭を「電話080に」とし、「090」用とは異なる指示文を入力します。

3 コンタクトへの入力情報を設定する

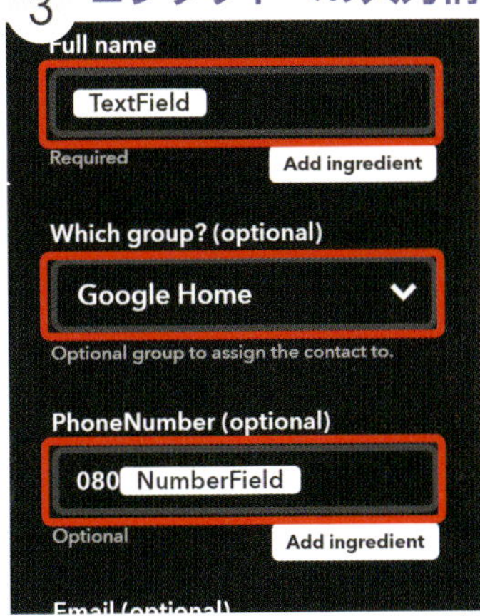

名称やグループは「090」用と同様に、電話番号は「080{{NumberField}}」と市外局番の決め打ち部分を「080」として設定します。

4 アプレットの動作を確認する

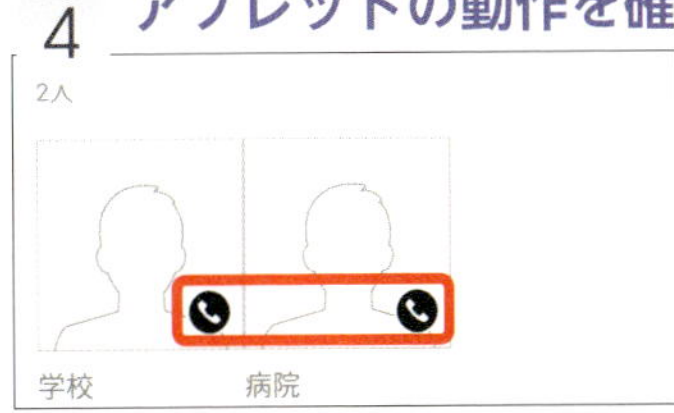

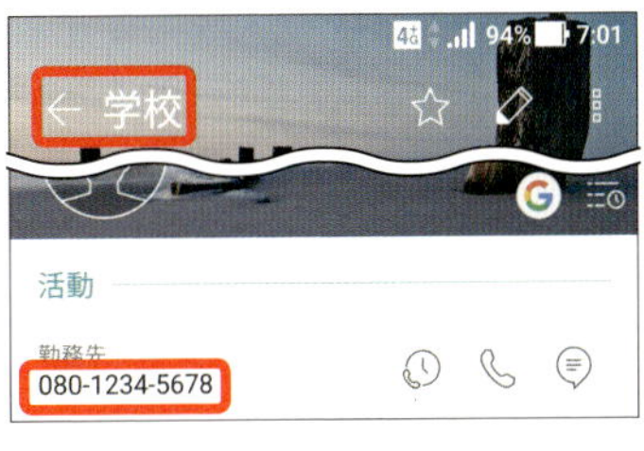

設定を保存してから Google Homeに話しかけると、「080」で始まる電話番号も正常にコンタクトに登録されます。

「今、何をしているか」を声でメモできる

行動記録をGoogleカレンダーに記録する

Google Homeに話しかけた文章を、話しかけた日時のメモとしてGoogleカレンダーに記録します。行動の記録を取るのに便利です。

カレンダーに「今」を書き込める

このアプレットは、話しかけた瞬間の日時と文章をGoogleカレンダーに新しい項目として追加します。日時は指定できないので今後の予定を書き込むには不向きですが、今現在の記録として活用するならスマホやパソコンを使って入力するよりもすばやく入力することが可能です。Googleアシスタントはスマホでも使えるので、屋内ではGoogle Home、戸外ではスマホで、いつでも記録を取れます。

Googleカレンダーに今現在のメモを取る

1 指示文を設定する

Say a phrase with a text ingredient

This trigger fires when you say "Ok Google" to the Google Assistant followed by a phrase like "Post a tweet saying 'New high score.'" **Use the $ symbol to specify where you'll say the text ingredient

What do you want to say?

カレンダーに $ を追加

Enter a $ where you'll say the text ingredient

What's another way to say it? (optional)

Enter a $ where you'll say the text ingredient

And another way? (optional)

任意の文章を表す「$」付きの指示文を入力します。

2 Google Homeからの応答を設定する

「$」付きで指定すれば、応答時に認識した文章を復唱してくれます。言語を「Japanese」に設定しておくことを忘れずに。

3 記録先と内容を設定する

Googleカレンダーに設定してある「カレンダー」のうち、どのカレンダーに記録するかを選択します。メモ内容に定型文を含めたい場合は「Quick add text」を編集します。

4 Google Homeに語りかけてみる

設定が完了したら、実際にGoogle Homeに話しかけて動作を確認してみましょう。「OK Google、カレンダーに『本屋へ行く』を追加」と話しかけると、「はい、カレンダーに『本屋へ行く』を追加します」と返答があり、スマホの「Googleカレンダー」アプリに即時に反映されます。

Tell Google Assistant to create a new event on your calendar

開発者：bjames3　価格：無料
URL：https://ifttt.com/applets/72959580d

スマホもパソコンも使わず、やることリストを作成

音声でToDoを登録する

言葉で文章を伝えられるGoogle Homeの機能は汎用性が高く、さまざまなサービスに対応しています。ToDoを手軽に追加するアプレットも提供されています。

「ToDoist」に新しいToDoを追加する

Google Homeの音声指示で、タスク管理ツール「Todoist」へ手軽にToDoを追加できるアプレットです。ToDoを追加するプロジェクト（Todoをまとめるグループ）は設定画面で選択する方式なので、常に同じプロジェクトに格納されます。複数のグループに振り分けたいなら、とりあえず登録しておき、あとでアプリなどを使って振り分けるなどの工夫が必要です。

任意の文章をToDoとしてTodoistに登録する

1 Google Home側を設定する

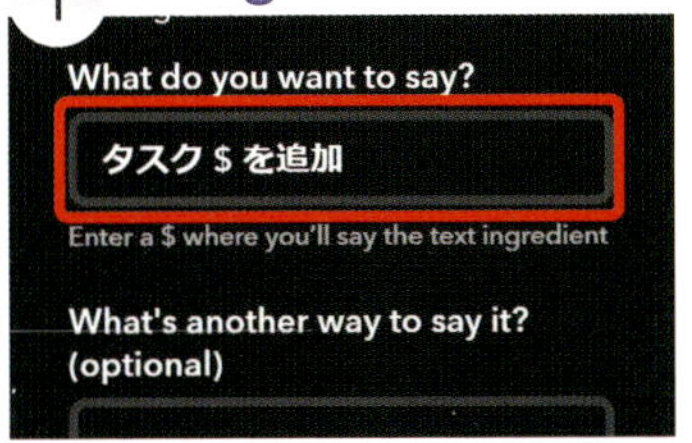

「$」混じりで指示文および応答文を入力し、言語「Language」を「Japanese」に変更します。

2 Todoist側を設定する

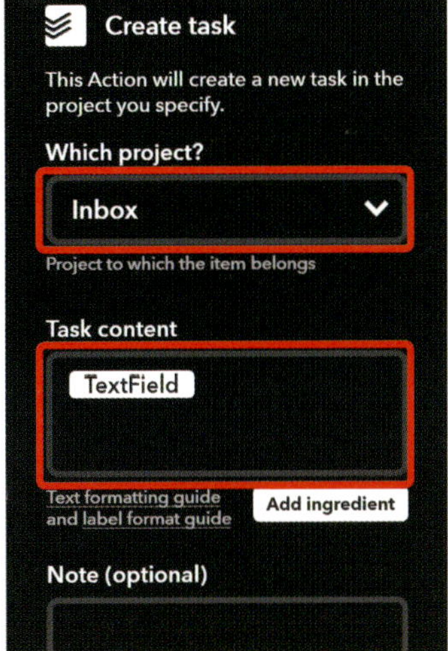

Google Homeからの文章を保存するプロジェクトを選択しておきます。また、保存する文章に定型句を追加することも可能です。

3 Google Homeに話しかけてみる

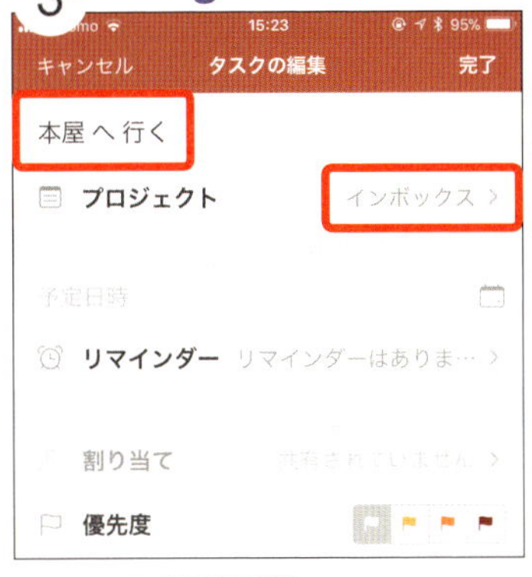

設定が完了したら、実際にGoogle Homeに話しかけて動作を確認しましょう。「OK Google、タスク『本屋へ行く』を追加」と話しかけると、「はい、タスク『本屋へ行く』をTodoistに追加します」と返答があり、Todoistに文章が登録されます。詳細は後ほどアプリなどで調整するとよいでしょう。

Add a task to Todoist by voice

開発者：Google　価格：無料
URL：https://ifttt.com/applets/72980699d

Column アプレット名も変更できる

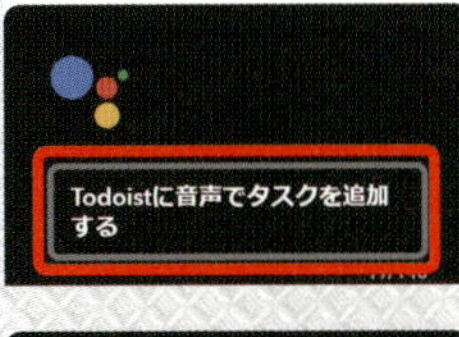

IFTTTではほとんどどアプレットが英語で名付けられていますが、設定画面のトップ項目で名称を変更できるようになっています。日本語に変更すれば、アプレットの機能がわかりやすくなり、管理が簡単になります。

5-8

ひとこと話すだけで経路がすぐわかる

Androidスマホでナビを開始する

Androidスマホと連携させれば、言葉で問い合わせるだけでGoogleマップアプリが起動し、設定済みの目的地までのナビゲーションが自動的に開始されます。

マップアプリのわずらわしい操作を省く

ナビを利用したいとき、まずはマップを起動して、出発地と目的地を入力して、ナビモードを呼び出す必要があります。しかし、Googleアシスタントを使えば、いきなりナビを開始させることができます。旅行の計画を立てるときなどルートや移動時間を確認するのに便利です。ただし、設定画面で目的地をあらかじめ設定しておく必要があります。なお、iPhoneのGoogleマップには非対応です。

マップアプリを起動してナビを開始する

1 Google Home側を設定する

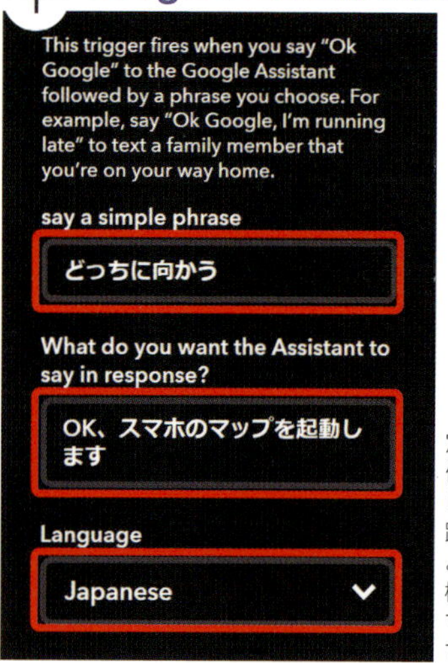

定型の指示文、応答文、使用言語を設定します。「マップ」「ナビ」「経路」などはアプレットよりGoogle Homeの機能が先に反応するので、避けたほうがよいでしょう。

2 マップ側を設定する

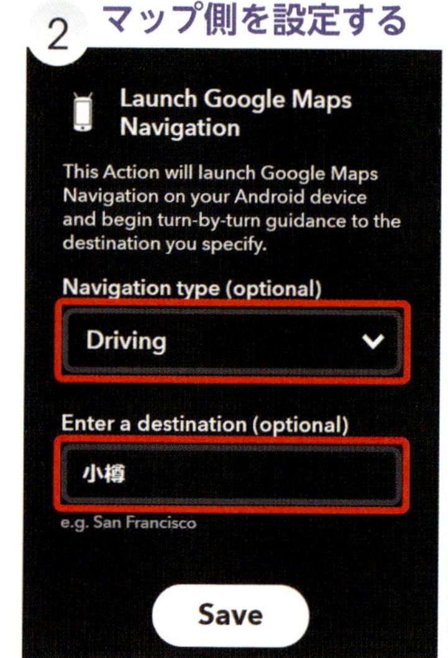

ナビモードを自動車・徒歩・自転車のどのモードにするかを選択し、目的地をあらかじめ入力しておきます。

3 Google Homeに話しかけてみる

Google Homeに「どっちに向かう」と話しかけると、「OK、スマホのマップを起動します」と返答があり、Androidスマホで自動的にマップアプリが起動。目的地までのナビが開始されます。

Column 任意の目的地を指定するには

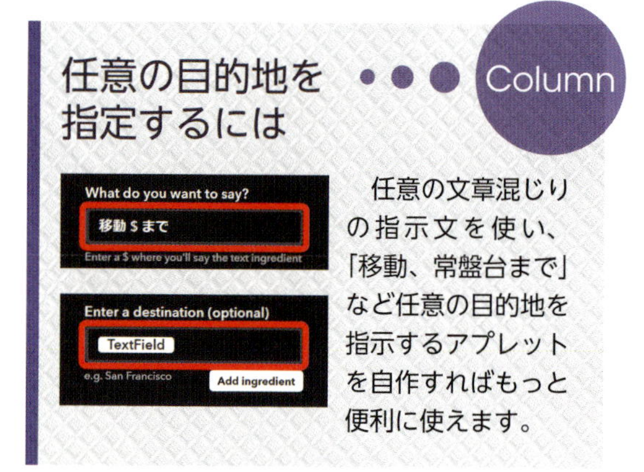

任意の文章混じりの指示文を使い、「移動、常盤台まで」など任意の目的地を指示するアプレットを自作すればもっと便利に使えます。

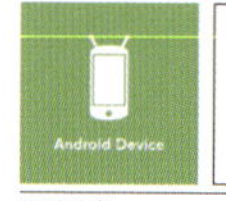

if you say ok Google directions to work then launch Google maps navigation

開発者：gauravn　価格：無料
URL：https://ifttt.com/applets/MA84XuKV

ちょっとしたメモをまとめてメールで管理

メモをまとめた1日1通のメールを受けとる

Google Homeで伝えた文章を、その都度ではなく1日に1度、1通にまとめてメールで受け取ることのできるアプレットです。

● いくつものメモをひとつのメールにまとめられる

Google Homeにメモを取るよう指示するたびにアクションが実行されるのがわずらわしければ、1日に1度、1通のメールでまとめてくれるこのアプレットが便利です。このアプレットでは日時も正しく記録されます。ただしメールですので、あとから修正したりメモ単位での削除などは行えません。好みや必要性に応じて、Todoサービスなどと併用するという方法もあります。

送信のタイミングやメモの文章を指定する

1 Home側を設定する

What do you want to say?

まとめに $ を追加

「$」混じりの指示文や応答文、使用言語を設定します。これはほかのアプレットと同様です。

2 Email digest側を設定する

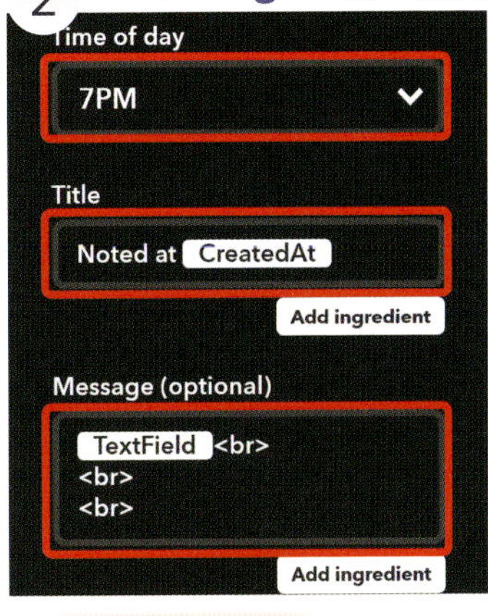

メモのタイトルや本文の記載形式と、メールの送信時刻を指定します。実際に受信する時刻は、指定した時刻から数分〜数十分遅れることがあります。

3 Google Homeに話しかけてみる

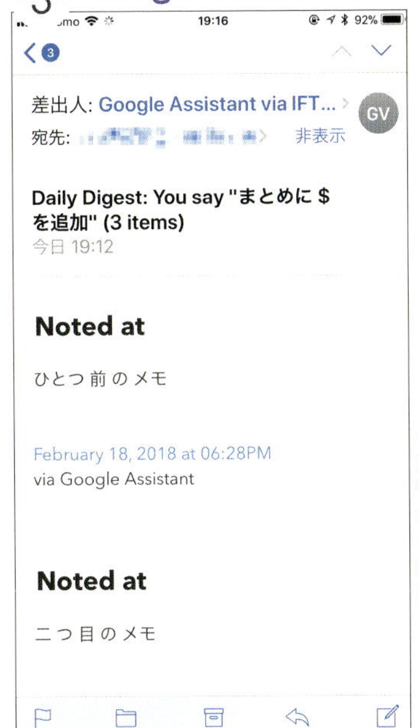

「OK Google、まとめに1つめのメモを追加」と話しかけると返答があり、その後、Google Homeに話しかけたメモがメールで送られてきます。なお、聞き取りに失敗することもあります。ここでは「1つ前のメモ」と聞き取られてしまいました。なお、修正はできません。

Attention!! アプレットが正常に動作しない時は

IFTTTのアプレットは動作が保証されているものではなく、サーバーの状況などによって、正常に動作しないことがあります。登録しているはずの指示文をGoogle Homeが認識できないことや、Google Homeは正常に受け取ってIFTTTにも動作ログは残るのに実際のアクションが発生しないこともあります。このような場合は、数時間待ってから再度試してみましょう。それでもだめなら、一度アプレットを削除して再作成してみるとよいでしょう。

Keep a list of notes to email yourself at the end of the day

開発者：Google　価格：無料
URL：https://ifttt.com/applets/479449p

5

10

今は動かないけど、興味深いアプレットはコレ！

動作未保証のおもしろアプレット

国内の環境では動作しないものや、特定のデバイス専用のアプレットの中から、おもしろいものや自作のヒントになるものを紹介します。

参考にしたい注目アプレット

Google Home用アプレットの中には英語専用や米国限定のものがあり、これらは日本語で、あるいは日本国内では使えません。また、特定のハードウェア専用のアプレットは動作が確認しきれず、紹介に至りませんでした。しかし、おもしろい発想のもの、自作のヒントになるものもたくさんあります。ここでは、そのようなアプレットをまとめて紹介していきます。

新トリガーやアクションの通知をメールで受ける

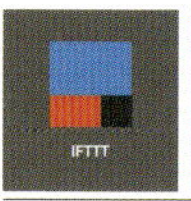

Get an email when Google Assistant publishes a new trigger or action

開発者：Google　価格：無料
URL：https://ifttt.com/applets/cMXwys8i

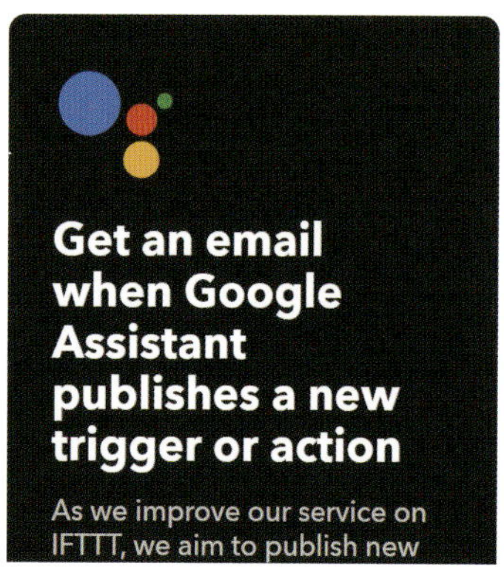

Googleアシスタントに新しいトリガーやアクションが提供されると、IFTTTがメールで知らせてくれます。

新しいアプレットの通知をメールで受ける

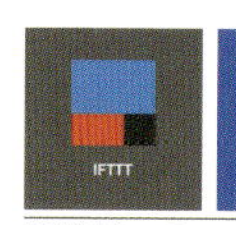

Get an email when a new Google Assistant Applet is published

開発者：Google　価格：無料
URL：https://ifttt.com/applets/t3zQPRrE

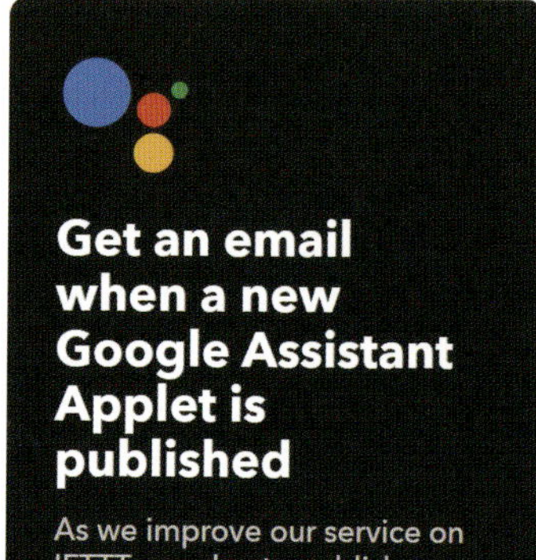

Googleアシスタントを利用するアプレットが公開されると、IFTTTがメールで知らせてくれます。

iOSカレンダーに新しい項目を追加する

Create an event on your iPhone's Calendar with Google Home

開発者：Google　価格：無料
URL：https://ifttt.com/applets/eX6zn2mD

iPhoneやiPadのカレンダーに任意の文章で項目を追加します。このアプレットは英語しか使えませんが、同じ機能の日本語対応版を自作できます。

iOSリマインダーに新しい項目を追加する

Add a new to-do in your iPhone's Reminders app with Google Assistant

開発者：Google　価格：無料
URL：https://ifttt.com/applets/WkZFqD8r

iPhoneやiPadのリマインダーに任意の文章で項目を追加します。このアプレットは英語しか使えませんが、同じ機能の日本語対応版を自作できます。

SMSメッセージを送信する

Send a text message to someone with your Android and Google Home

開発者：Google　価格：無料
URL：https://ifttt.com/applets/fNdGJfwy

Androidスマホを介して、特定の番号にSMSを送信します。電話番号を利用するため、現時点ではアメリカ国内でしか利用できません。

TwitterとFacebookに同時に書き込む

Post to Facebook and Twitter with your voice

開発者：Google　価格：無料
URL：https://ifttt.com/applets/jzKchEkC

1度の話しかけで、FacebookとTwitterの両方に投稿します。このアプレットは使用言語が英語に固定されているため、日本語では使えません。

室温を設定する

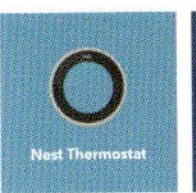

Tell Google Assistant to set and monitor your Nest thermostat

開発者：Google　価格：無料
URL：https://ifttt.com/applets/qftkiaWc

ネストサーモスタットに室温設定を指示し、その温度をGoogleスプレッドシートに記録します。ただし温度指定は摂氏（℃）ではなく華氏（℉）です。

着信音でスマホを探す

Tell Google Assistant to call your phone

開発者：Google　価格：無料
URL：https://ifttt.com/applets/479253p

設定した電話番号に電話をかけます。通話が目的ではなく、呼出音で見失ったスマホなどを探すためのアプレットです。電話番号を利用するため、現時点ではアメリカ国内でしか利用できません。

庭用スプリンクラーを制御する

Turn on sprinklers by voice

開発者：Google　価格：無料
URL：https://ifttt.com/applets/478763p

Turn off sprinklers by voice

開発者：Google　価格：無料
URL：https://ifttt.com/applets/479437p

Rachioというコントロールデバイスを通じて、スプリンクラーの稼働／停止を行えます。オンとオフとで別のアプレットとして提供されています。

健康管理サービスに食事を登録する

Log a meal by voice

開発者：Google　価格：無料
URL：https://ifttt.com/applets/478791p

活動量計リストバンドをメインに健康状態を記録する「UP by Jawbone」サービスに対して、摂った食事を音声で登録することができます。

体重を記録する

Log your weight by voice

開発者：Google　価格：無料
URL：https://ifttt.com/applets/478793p

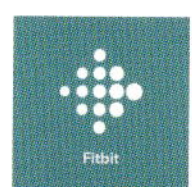

Log your weight by voice

開発者：Google　価格：無料
URL：https://ifttt.com/applets/479469p

Google Homeに体重を伝えると、健康管理サービス「UP by Jawbone」または「Fitbit」にその数値を記録します。

Xboxの電源をオンにする

Turn on Xbox with Google Assistant

開発者：tenkely　価格：無料
URL：https://ifttt.com/applets/480537p

「Harmony」というコントロールデバイス経由で、Xboxの電源をオンにします。特に有効性は感じませんが、ちょっと離れたところから起動に時間のかかるゲームなどをあらかじめ起動しておきたい場合などに便利かもしれません。

ロボット掃除機を起動／停止する

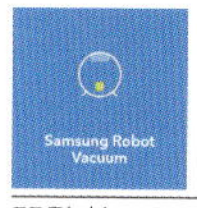

Start vacuum cleaner by voice

開発者：Google　価格：無料
URL：https://ifttt.com/applets/478812p

Stop vacuum cleaner by voice

開発者：Google　価格：無料
URL：https://ifttt.com/applets/478813p

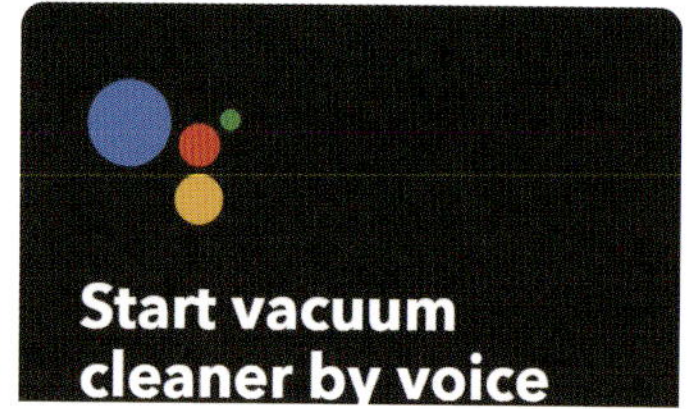

サムスンのロボット掃除機「Vacuum」のスイッチをオン／オフするアプレット。オンとオフとで別アプレットになっています。

Google WiFiの接続優先順位を変更する

Prioritize a connected device using a voice command

開発者：Google　価格：無料
URL：https://ifttt.com/applets/478799p

Give Priority to a device connected to Onhub/Wifi from Google Assistant

開発者：jtio　価格：無料
URL：https://ifttt.com/applets/480386p

Prioritize Your Pixel

開発者：joshuatalley　価格：無料
URL：https://ifttt.com/applets/480460p

Prioritize Your Chromecast

開発者：joshuatalley　価格：無料
URL：https://ifttt.com/applets/480425p

Google製のWi-Fiルーター「Google WiFi」に接続しているデバイスの中で、有線／無線や特定のデバイスの優先順位を切り替えるアプレットです。デバイスごとに固定された設定が必要なため、アプレットがいろいろ存在します。

音声でSlackに投稿する

Send a note on Slack by voice

開発者：Google　価格：無料
URL：https://ifttt.com/applets/479451p

ビジネス向けチャットサービス「Slack」に、Google Home経由で音声による投稿を行えるアプレット。Slackサービスに投稿するには、ワークスペース（利用するグループ）管理者からの承認が必要です。

ダースベイダーのテーマをスマホで聴く

Execute order 66

開発者：augustwasilowski　価格：無料
URL：https://ifttt.com/applets/73003726d

「The Imperial March」という曲名をAndroidスマホに送信し、再生を開始します。複数の再生アプリがある場合は選択メッセージ表示されたり、YouTubeなどでは検索結果が表示されるなど、ダイレクトに演奏が始まらないケースもあります。

コーヒーのドリップを開始する

Start brewing coffee by voice

開発者：Google　価格：無料
URL：https://ifttt.com/applets/478815p

「WeMo Coffee maker」はIFTTTからも制御ができるスマートコーヒーメーカー。Google Homeに語りかけると、自動的にドリップが始まります。

ClovaにLINEのメッセージを読み上げさせる

LINEのClovaでLINEのメッセージを読む

開発者：rinzorinrin　価格：無料
URL：https://ifttt.com/applets/nftvuxNn

LINEのスマートスピーカー「Clova WAVE」に対して、Google Homeの合成音声で指示を出します。直接Clova WAVEに指示すれば済みそうですが、Clova WAVEのほうが聞き取りの精度が低いため、使える場面もありそうです。

扉の鍵をかけたり外したりする

Lock a SmartThings lock by voice

開発者：Google　価格：無料
URL：https://ifttt.com/applets/480985p

Unlock a SmartThings lock by voice

開発者：Google　価格：無料
URL：https://ifttt.com/applets/480986p

Google Homeへ口頭で指示を出すと、さまざまなスマート機器を制御できるデバイス「SmartThings」経由で家の扉などのロックやアンロックを行えます。

カーテンを閉じる

Close the shades with your voice

開発者：Google　価格：無料
URL：https://ifttt.com/applets/478836p

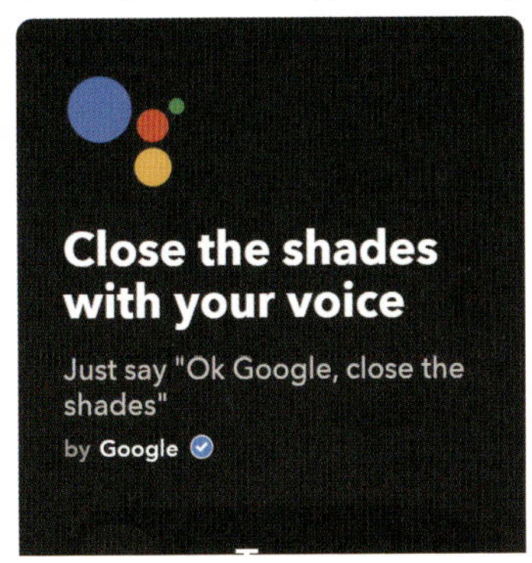

インテリア用制御デバイス「PowerView」に対して、音声指示だけでカーテンなどを閉じるアプレットです。

「助けて！」メールを複数人に送信する

Tell Google Assistant to trigger an emergency email blast

開発者：Google　価格：無料
URL：https://ifttt.com/applets/Jpz3FaUW

このアプレットを起動すると、事前に登録してある最大5つまでのアドレスにメールを送信します。身体が動かせないような緊急時に、音声で助けを求めるような使い方が想定されているようです。

5
11

アプレットを自作してみよう

Googleスプレッドシートにメモを記録する

ここからはアプレットを自作し、好きなサービスと組み合わせる方法を紹介します。まずはスプレッドシートにメモしてみます。

話しかけた内容をメモしておく

Google Homeに話しかけた内容を、Googleスプレッドシートに記録するアプレットを作成します。このアプレットは、食事のメニューのような日々記録するものに使うと便利でしょう。また、受付などで来訪者に名前と会社名を話しかけてもらって受付の記録を保存するような使い方もできます。なお、IFTTTだけでは日時を記録できません。GoogleスプレッドシートのGoogle Apps Scriptを併用することで、日時の記録も可能になります。

トリガーとスプレッドシートのアクションを設定する

1 Google Assistantのトリガーを選択する

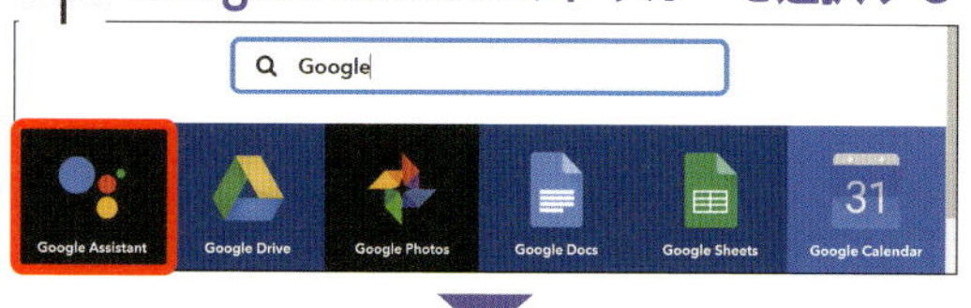

アプレット作成画面で「+this」をクリックし、サービス選択画面を表示します。検索ボックスに「Google」と入力し、「Google Assistant」をクリックします。トリガーの選択画面になるので、「Say a phrase with a text ingredient」をクリックします。

2 トリガーの条件を設定する

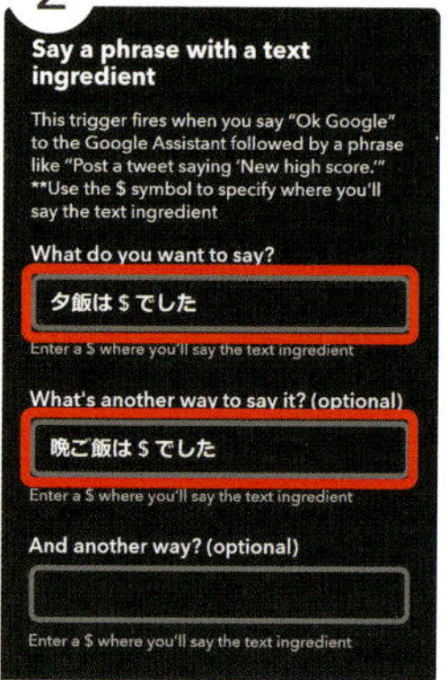

「What do you want to say?」にフレーズを入力します。「$」の部分は、任意の言葉が入る部分で、前後に半角スペースを入力します。必要に応じて別のフレーズも設定できます。画面下部に認識したときにGoogle Homeが読み上げる内容を入力します。「Language」で「Japanese」を選択し、「Create Trigger」をクリックします。

3 スプレッドシートのアクションを選択する

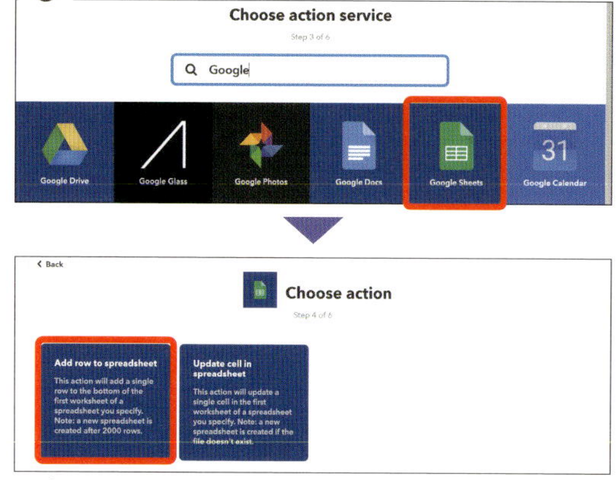

アプレット作成画面で「+that」をクリックし、サービス選択画面を表示します。検索ボックスに「Google」と入力し、「Google Sheets」をクリックします。アクションの選択画面になるので、「Add row to spreadsheet」をクリックします。

4 アクションを設定する

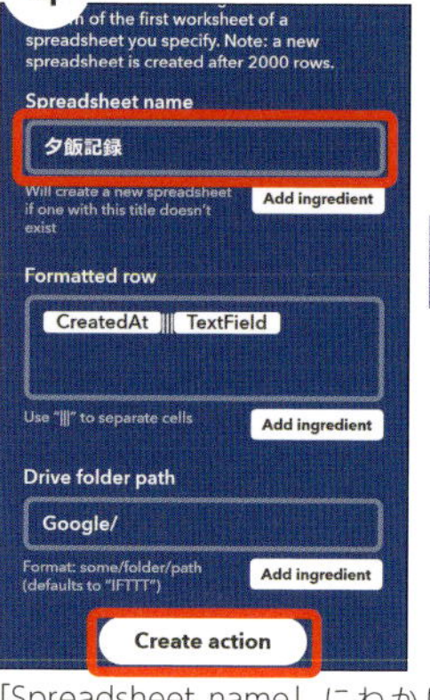

「Spreadsheet name」にわかりやすい名前を入力し、「Create action」をクリックします。作成する内容を確認し、「Finish」をクリックするとアプレットが作成されます。「OK Google、夕飯はカルボナーラでした」と話しかけると、Googleスプレッドシートに追記されます。

5 12

決まった宛先にメールを送りたい！

Gmailから メールを送信する

自作アプレットを使って、短い文章を自分宛てにメールで送ってみましょう。送信にはGmailのアドレスを利用します。

話しかけた内容をメールで送る

Google Homeに話しかけた内容を、Gmailで送信できます。ちょっとした覚え書きを話しかけて通知するようにしておけば、備忘録として役立てることができます。ここでは、話しかけた内容を自分宛に送信する手順を紹介します。

トリガーとGmailのアクションを設定する

1 Google Assistantのトリガーを設定する

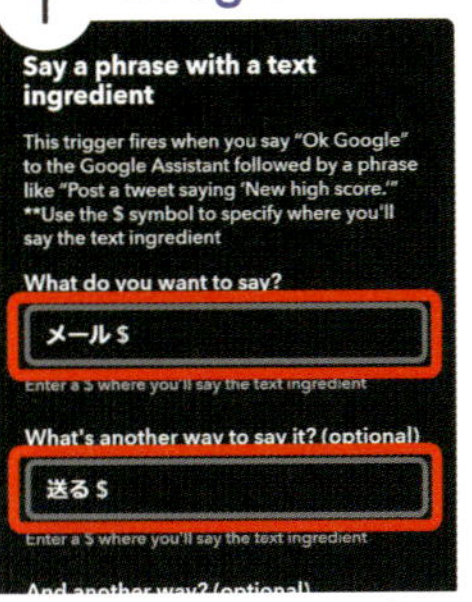

Google Assistantのトリガー選択画面で「Say a phrase with a text ingredient」をクリックし、「What do you want to say?」にフレーズを入力します。必要に応じて別のフレーズも設定します。画面下部に認識したときにGoogle Homeが読み上げる内容を入力します。「Language」で「Japanese」を選択し、「Create Trigger」をクリックします。

2 Gmailのアクションを選択する

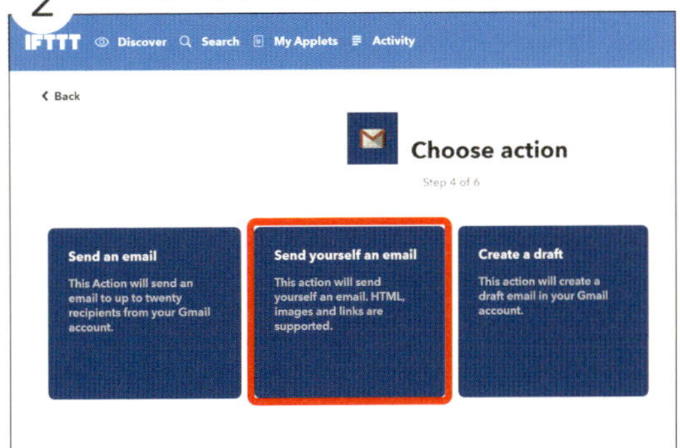

アプレット作成画面で「+that」をクリックし、Gmailを検索してクリックします。アクションの選択画面になるので、「Send yourself an email」をクリックします。

3 Gmailのアクションを設定する

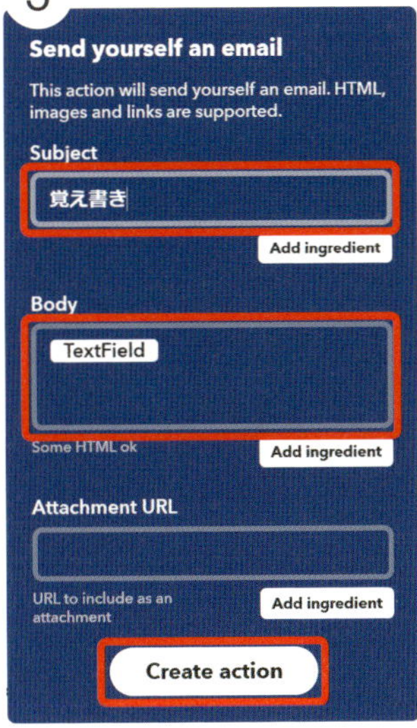

「Subject」にメールの件名を入力します。「Body」の「{{TextField}}」は話しかけた内容を入力する変数なので、そのままにします。この変数の前後に半角スペースを入れれば、特定の語句を追加できます。設定が終わったら、「Create action」をクリックしてアプレットを作成します。

Column 別のメールアドレスに送信するには

別のメールアドレスに送信することもできます。アプレットを作成するときは、送る相手の名前を入れたフレーズにしておくとわかりやすくなります。あとは、送信するメールアドレスを設定すれば完了です。

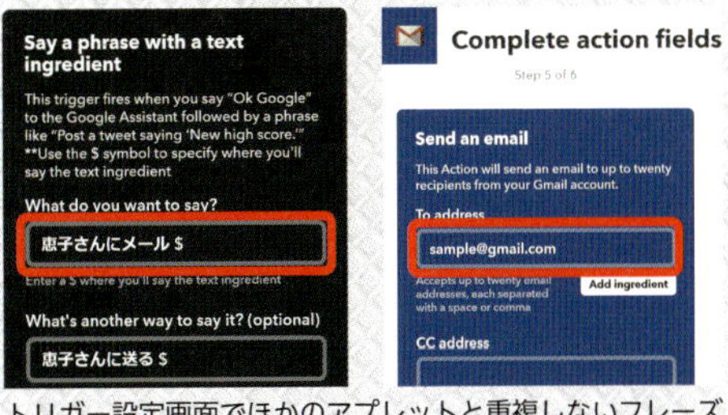

トリガー設定画面でほかのアプレットと重複しないフレーズを設定します。アクションの選択画面で「Send an email」をクリックし、送信するメールアドレスを設定します。

家族などに短いメッセージを送りたい！

13 LINEでトークを投稿する

LINEを十分使いこなしたいなら、LINE製のスマートスピーカーの方が便利ですが、Google Homeでも簡単な操作は可能です。

LINEでメモを自分宛に送信する

Google HomeからLINEにトークを送信することもできます。LINEアカウントごとにアプレットを作成しておけば、別々にメッセージを送ることもできます。たとえば、手が離せないシーンでご家族に用事を依頼するときに便利です。なお、現時点ではメッセージの送信はできますが、LINEに届いたメッセージを読み上げることはできません。今後対応する可能性があるので、アプレットの最新情報をチェックしておくのがおすすめです。

トリガー設定後にLINEとリンクする

1 Google Assistantのトリガーを設定する

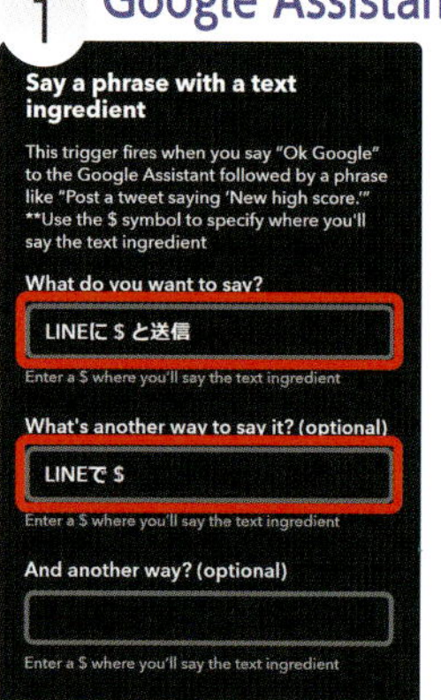

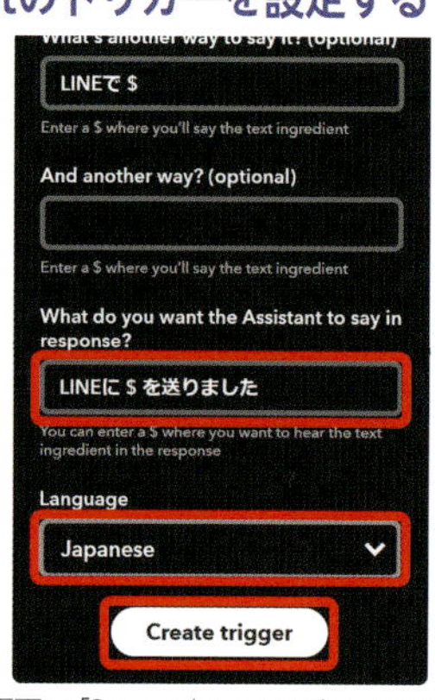

Google Assistantのトリガー選択画面で「Say a phrase with a text ingredient」をクリックし、フレーズを入力します。必要に応じて別のフレーズも設定します。画面下部に認識したときにGoogle Homeが読み上げる内容を入力します。「Language」で「Japanese」を選択し、「Create trigger」をクリックします。

2 送信先のLINEとリンクする

アプレット作成画面で「+that」をクリックし、LINEを検索してクリックします。リンク画面が表示されたら、LINEアカウントのメールアドレスとパスワードを入力してログインします。リンクすると、自動的に「LINE Notify」と友だちになります。

3 LINEのアクションを設定する

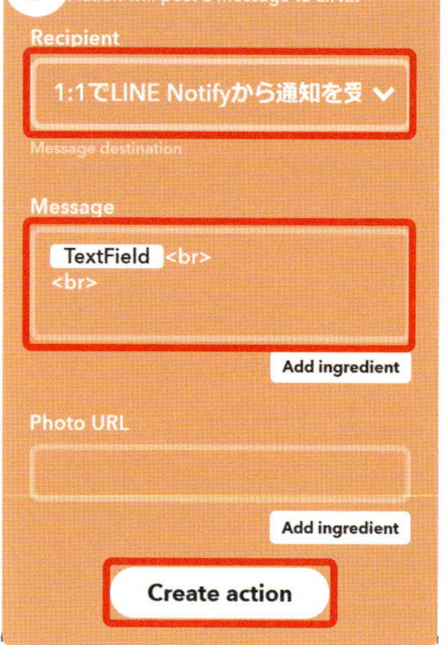

アクションの設定画面はすべてデフォルトのままにしておきます。「Create action」をクリックしてアプレットを作成します。

4 LINEにトークを送信する

アプレットが作成できたら、Google Homeに話しかけます。アプレットが正常に動作すると、設定したアカウントに「LINE Notify」からメッセージが届きます。

話しかけて自分のスマホを鳴らすには

スマホがどこにあるか着信音で探す

家の中で置き場所を忘れてしまったスマホを見つけるには、着信音などを鳴らすのが手っ取り早い見つけ方です。

Google Homeに話しかけてスマホから音を鳴らす

「スマホがどこにあるかわからなくなった！」というとき、着信音などを鳴らして探す方法はいくつかありますが、Google Homeを使うとスマートに探せます。あらかじめ、スマホを鳴らすアプレットを作成しておきましょう。設定するのは「スマホを探して」などという自分で決めたフレーズとスマホの電話番号だけなので、とても簡単です。なお、このアプレットを使う場合は、呼び出すスマホにIFTTTアプリをインストールしておく必要があります。あらかじめインストールしておきましょう。

トリガーとVoIPのアクションを設定する

1 Google Assistantのトリガーを設定する

Say a simple phrase

What do you want to say?

スマホを探して

What's another way to say it? (optional)

iPhoneを探して

And another way? (optional)

What do you want the Assistant to say in response?

了解。電話を鳴らします

Language

Japanese

Create trigger

Google Assistantのトリガー選択画面で「Say a simple phrase」をクリックし、スマホを呼び出すときのフレーズを入力します。必要に応じて別のフレーズも設定します。認識したときにGoogle Homeが読み上げる内容を入力し、「Japanese」を選択したら「Create Trigger」をクリックします。

2 VoIPのアクションを設定する

Complete action fields

Step 5 of 6

アプレット作成画面で「+that」をクリックし、「VoIP calls」を検索してクリックします。スマホを取ったときのメッセージを入力し、「Create action」をクリックしてアプレットを作成します。

3 電話番号を設定する

This Applet needs the IFTTT app

Enter your phone number

+81 8012345678

Send link

Download on the App Store

GET IT ON Google Play

アプレットを作成すると、電話番号の入力画面になります。先頭に「+81」を入力し、つづけて先頭の「0」を抜いた電話番号を入力します。設定できたら、「Send Link」をクリックします。

4 IFTTTアプリにログインする

スマホにIFTTTアプリがインストールされていない場合、ストアからアプリをインストールします。アプリを起動したら、利用しているIFTTTアカウントでサインインします。

IFTTT非対応のサービスを使うには

5 15

IFTTT+Zapierでさらに多くのサービスと連携する

ITFFFよりも高機能な連携サービスを利用したいなら、「Zapier」を試してみるといいでしょう。連携サービスの数が多く、さらに可能性が広がります。

IFTTTよりも自由度の高い「Zapier」

Google HomeとIFTTTを使えば、できることがグンと広がります。しかし、IFTTTで利用できるサービスは限られており、対応していないサービスはGoogle Homeからは使えません。そこで試してみたいのが「Zapier」。これはIFTTTとよく似たサービスですが、対応サービスがIFTTTより豊富なのが大きな特徴です。IFTTTと組み合わせれば、Google Homeからさらに多くのサービスを使えます。

Zapierのアカウントを取得する

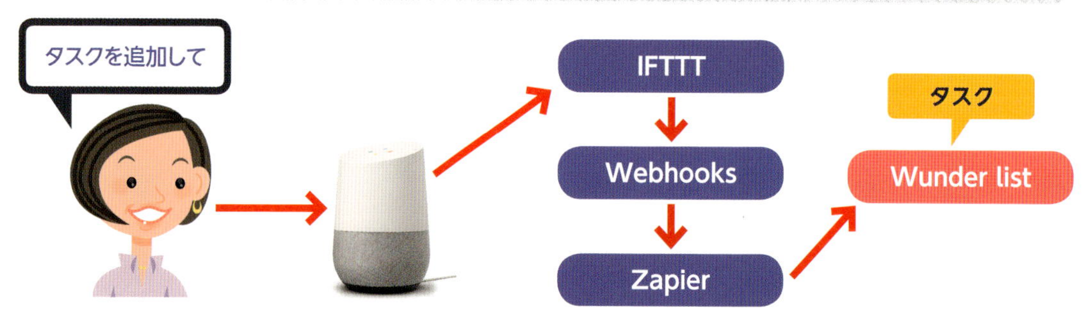

ここでは、IFTTTとZapierを組み合わせて、タスク管理サービスの「Wunderlist」にタスクを追加する方法を説明します。Google Homeに追加するタスクの内容を話しかけると、IFTTTからWebhooks経由でZapierにその内容を送ります。Zapierは受け取った内容をWunderlistに投稿するという仕組みで動作します。

1 サインアップする

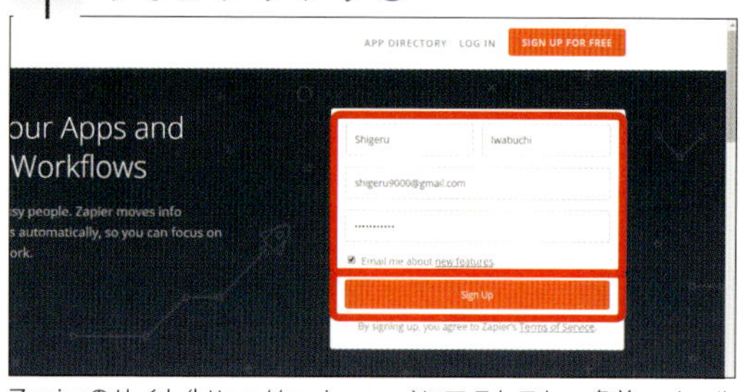

Zapierのサイト(https://zapier.com)にアクセスし、名前、メールアドレス、パスワードを入力して「Sign Up」をクリックしてサインアップします。

2 サインアップできたことを確認する

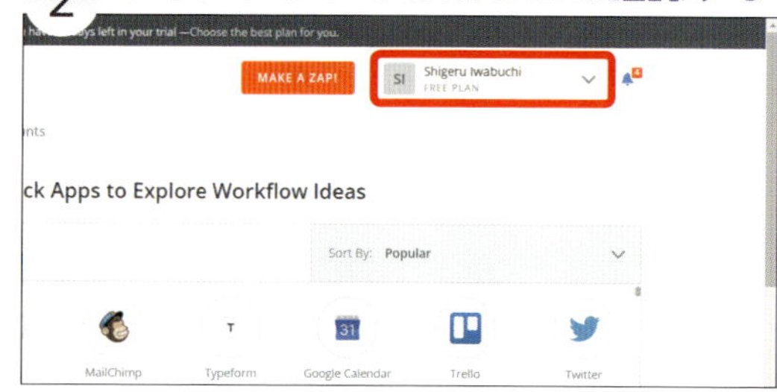

サインアップできると、Zapierのトップ画面が表示されます。画面右上に登録した名前が表示されていることを確認しましょう。

ZapierとIFTTTの比較

Column

ZapierはIFTTTに比べて各サービスの連携が細かく制御できるのが大きな特徴です。無料で基本的な連携機能を試したい人はIFTTT、より多くのサービスを使って細かく連携させたい人はZapierを使うのがオススメです。

	IFTTT	Zapier
連携サービス	530	913
料金	無料	有料プランもある
機能制限	なし	無料プランは制限あり

Zapierのトリガーを設定する

Zapierでは、IFTTTのアプレットに相当する「ZAP」と呼ばれるものを作成します。まず、Zapier側で、ユーザーが投稿した内容を受け取るためのトリガーを設定します。これには「Webhooks」という仕組みを使います。これは、アプリケーションの情報をほかのアプリケーションへリアルタイムに提供する仕組みです。ここでは、Zapierのトリガーとして「Webhooks」を指定し、投稿内容を受け取るURLを作成します。

Webhooksを設定する

1 ZAPの作成を開始する

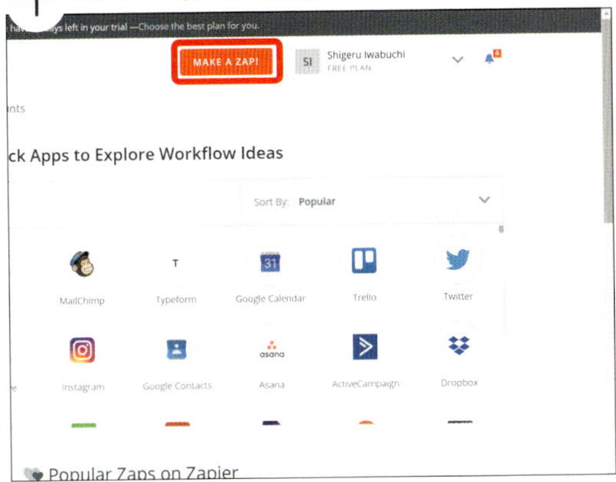

Zapierのトップ画面右上にある「MAKE A ZAP」をクリックします。ZAP作成画面が表示されます。

2 「Webhooks」を検索する

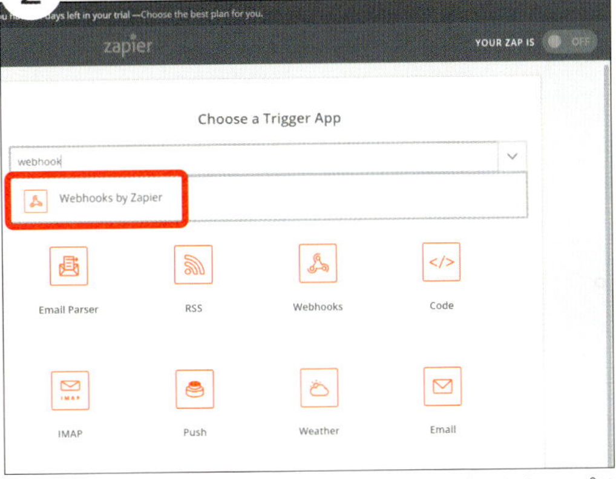

「Choose a Trigger App」に「Webhooks」と入力します。アプリが検索されるので、「Webhooks by Zapier」をクリックします。

3 「Catch Hook」を選択する

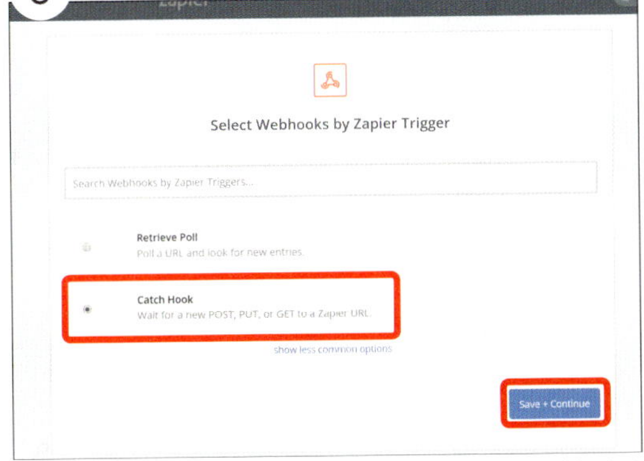

トリガーの選択画面が表示されます。今回は投稿を受け取る側のトリガーを作成するので、「Catch Hook」を選択して「Save+Continue」をクリックします。

4 URLをコピーする

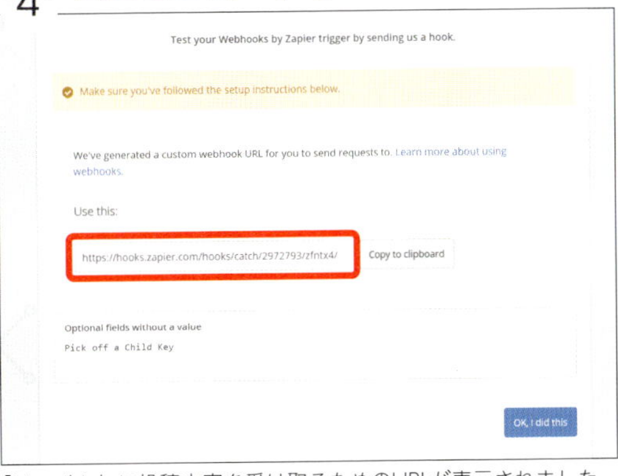

「Use this」に投稿内容を受け取るためのURLが表示されました。「Copy to clipboard」をクリックし、URLをコピーします。なお、この画面は閉じずにこのままにしておきます。

Point！ 無料プランだと利用できる回数に制限がある

Zapierの無料プランでは、1カ月に利用できるタスク数が100、作成できるZAPが5つまでと制限されています。また、Zapierの特徴であるマルチステップも、2ステップまでしか利用できません。Zapierをフルに活用したい場合は、有料プランを検討したほうがいいでしょう。

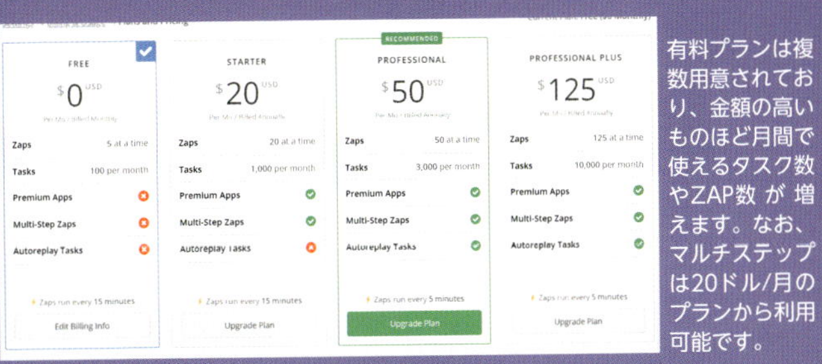

有料プランは複数用意されており、金額の高いものほど月間で使えるタスク数やZAP数が増えます。なお、マルチステップは20ドル/月のプランから利用可能です。

IFTTTでアプレットを作成する

次にIFTTT側でGoogle Homeに話しかけられた内容を、Webhooksに受け渡すためのアプレットを作成します。設定内容は、「this」には「Google Assistant」、「then」には「Webhooks」を指定します。Webhooksの設定ですが、Zapierの設定で作成したURLが必要になります。また、情報を受け渡すためのContent TypeやBodyなどの設定を間違うと正しく投稿内容が受け渡せないので、注意して設定するようにしましょう。

投稿を受け渡すアプレットを作成する

1 GoogleAssistantのトリガーを作成する

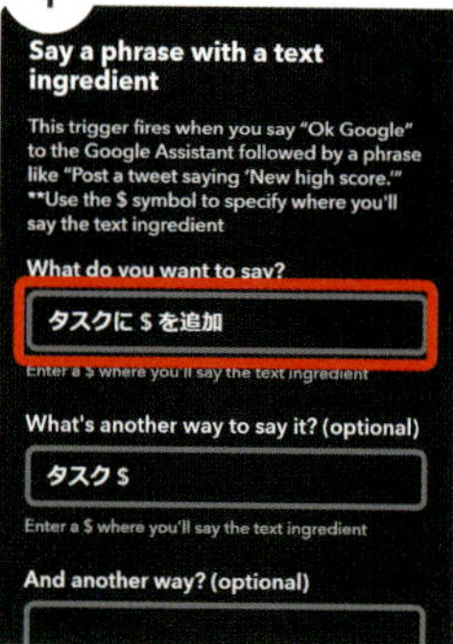

Google Assistantのトリガー選択画面で「Say a phrase with a text ingredient」をクリックし、フレーズを入力します。必要に応じて別のフレーズも設定します。投稿したときにGoogle Homeが読み上げる内容を入力し、「Language」で「Japanese」を選択します。設定できたら「Create Trigger」をクリックします。

2 「Webhooks」を検索する

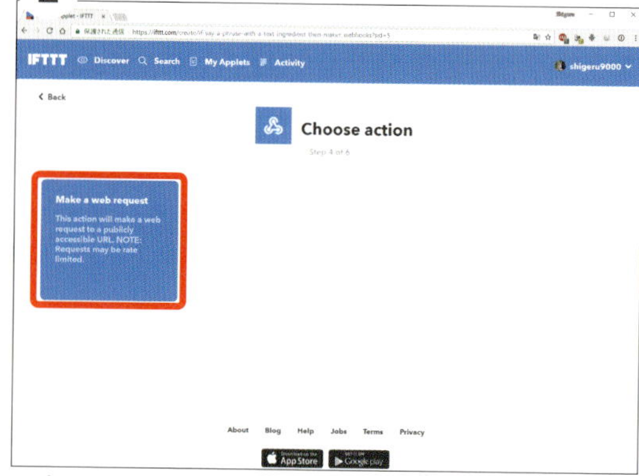

アプレット作成画面で「+that」をクリックし、「Webhooks」を検索してクリックします。アクションの選択画面が表示されますので、「Make a web request」をクリックします。

3 WebhooksのURLを入力する

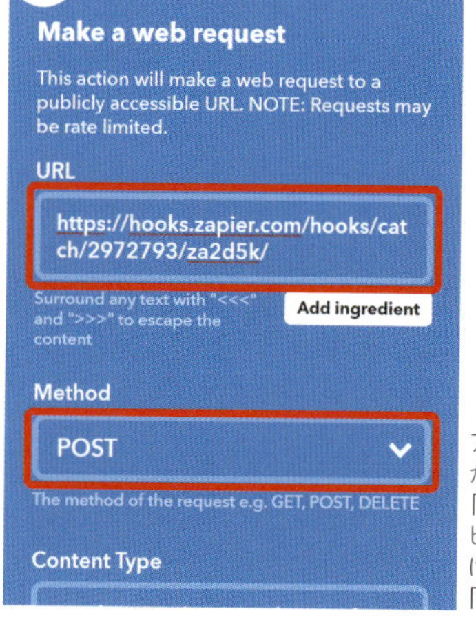

アクションの設定画面が表示されます。「URL」にZapierでコピーしたURLを貼り付け、「Method」で「POST」を選択します。

4 投稿のアクションを設定する

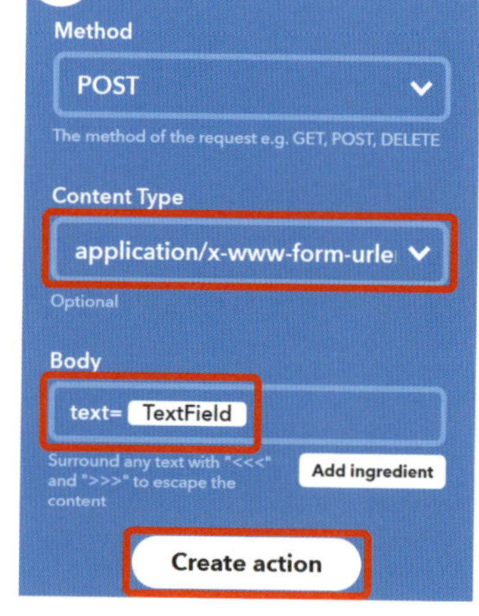

「Content Type」で「application/x-www-form-url」を選択し、「Body」に「text={{TextField}}」と入力します。設定できたら「Create action」をクリックし、アプレット作成を完了させます。

「TextField」を入力するには

Column

「Body」で入力する「{{TextField}}」は変数で、話しかけた内容を代入するためのものです。「Add ingredient」ボタンを使うと、このような変数を簡単に入力できるので便利です。

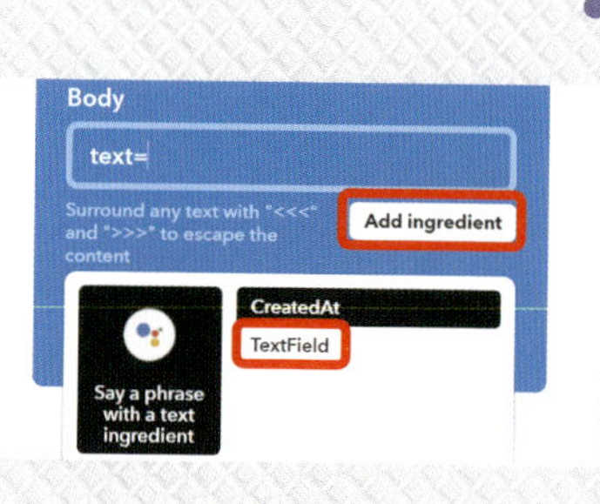

はじめに「text=」と入力します。次に「Add ingredient」をクリックし、「TextField」を選択すると変数が入力されます。

ZapierとWunderlistを接続する

次に、Webhooks経由で投稿内容を受け取れるかどうかをテストし、ZapierとWunderlistを接続します。投稿した内容を受け取れるかどうかのテストは、Zapier画面で行います。投稿した内容を受け取れると、次のステップの設定に進めます。もしここで失敗する場合は、ZapierとIFTTTの設定を再確認しましょう。次のステップでは、Zapierが受け取った投稿内容をWunderlistに受け渡すアクションと、Wunderlistアカウントへの接続を設定します。

受取テスト実施後にWunderlistへ接続する

1 投稿が受け取れるかテストする

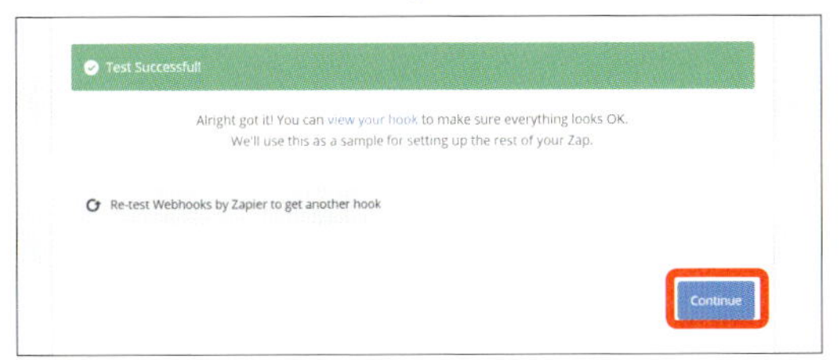

Zapierの設定画面に戻り、「OK, I did this」をクリックします。待機状態になるので、Google Homeに設定したフレーズを話しかけます。テストに成功すると「Successfull」が表示されます。成功したら「Continue」をクリックして次のステップに進みます。

2 Wunderlistを検索する

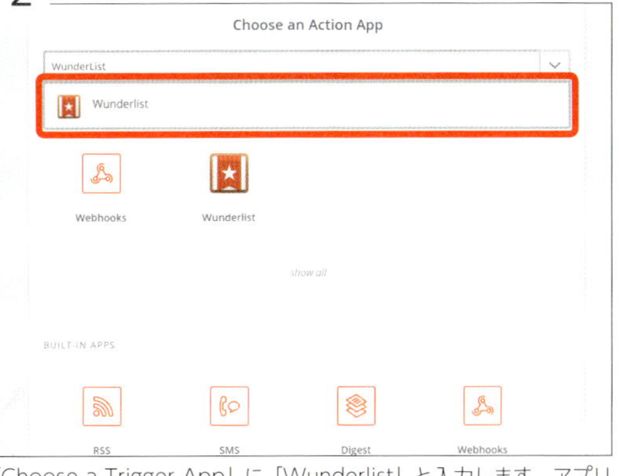

「Choose a Trigger App」に「Wunderlist」と入力します。アプリが検索されるので、「Wunderlist」をクリックします。

3 タスクの作成方法を選択する

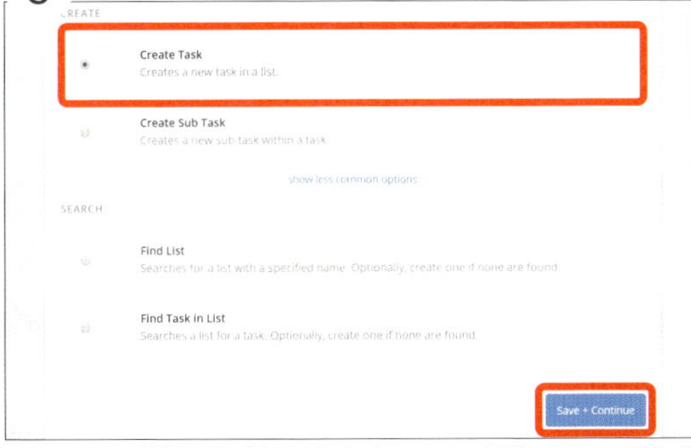

アクションの選択画面が表示されます。ここでは新しくタスクを作成するので、「Create Task」を選択します。選択できたら「Save+Continue」をクリックします。

4 Wunderlistに接続する

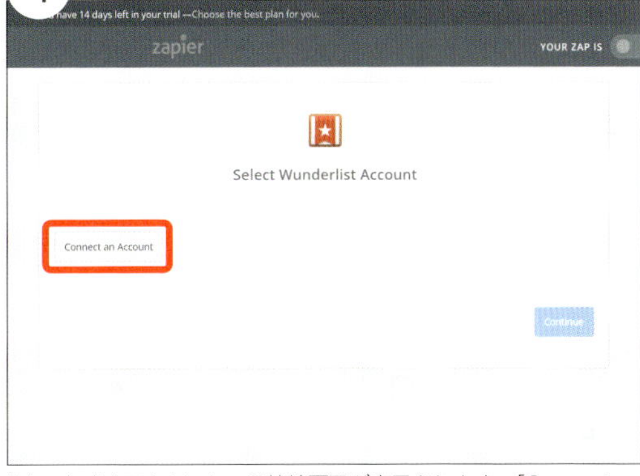

Wunderlistアカウントへの接続画面が表示されます。「Connect an Account」をクリックし、画面の指示にしたがってアカウントを接続します。

Point! 接続したサービスを管理するには

Zapierと接続したサービスを管理するには、Zaipherのトップ画面で「Connected Accounts」をクリックします。接続中のサービスが表示され、サービス名の右側にあるボタンで切断や再接続などの操作ができます。

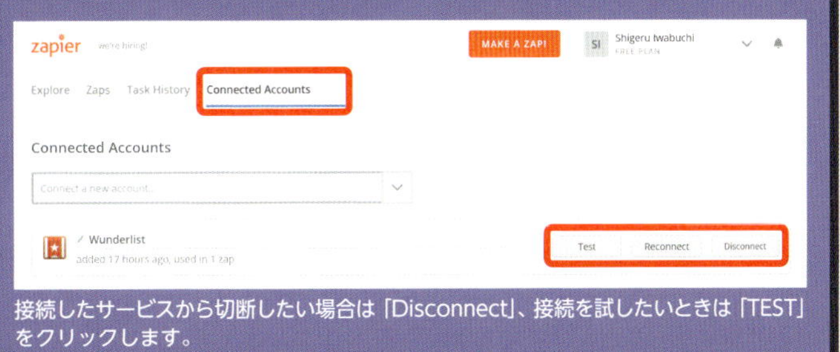

接続したサービスから切断したい場合は「Disconnect」、接続を試したいときは「TEST」をクリックします。

Zapierのアクションを設定する

最後にアクションを設定します。ここでは、指定したリストに受け取った投稿内容を追加するようにします。Wunderlistは複数のリストでタスクを管理できますが、Zapier側ではリストを作成できません。専用のリストを使いたいときは、あらかじめWunderlist側でリストを作成しておきましょう。アクションを設定できたら、最後に動作の確認を行います。これで問題がなければ、ZAPに名前を設定します。あとはZAPを有効にすれば設定完了です。

ZAPを作成して動作を確認する

1 追加先リストとタイトルを設定する

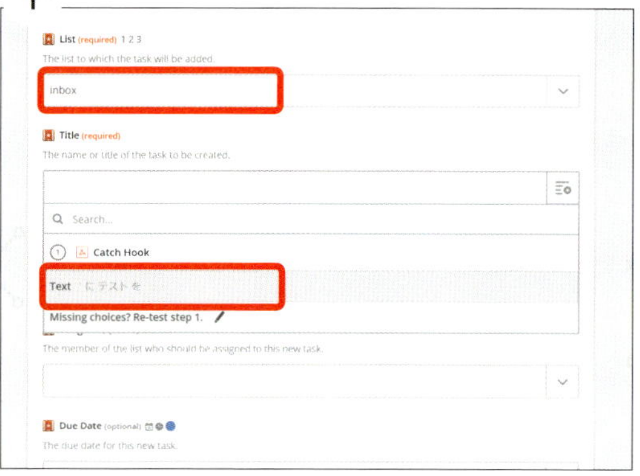

「List」で投稿内容を追加するリストを選択します。「Title」をクリックし、投稿内容が代入されている「Text」を選択します。ほかの項目は任意で設定し、画面右下の「Continue」をクリックします。

2 Wunderlistにテスト投稿する

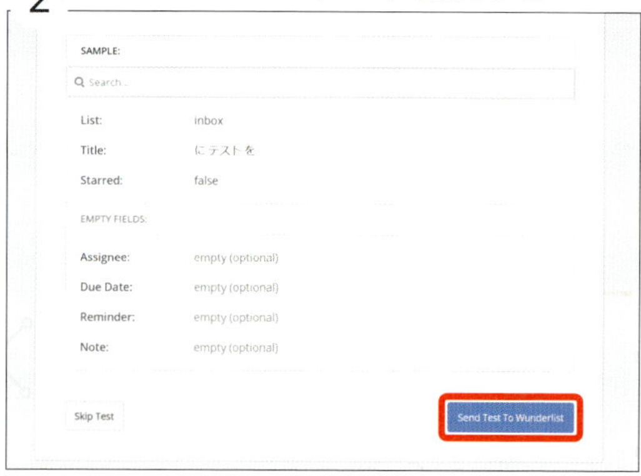

Wunderlistへテスト投稿する内容が表示されます。各項目に問題がなければ、「Send Test To Wunderlist」をクリックします。

3 ZAPを作成する

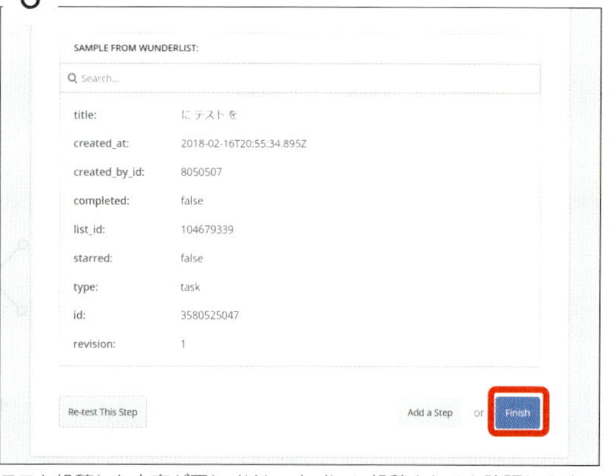

テスト投稿した内容が正しくWunderlistに投稿されるか確認します。正しく投稿されたことを確認できたら、「Finish」をクリックします。

4 名前を付けてZAPを有効にする

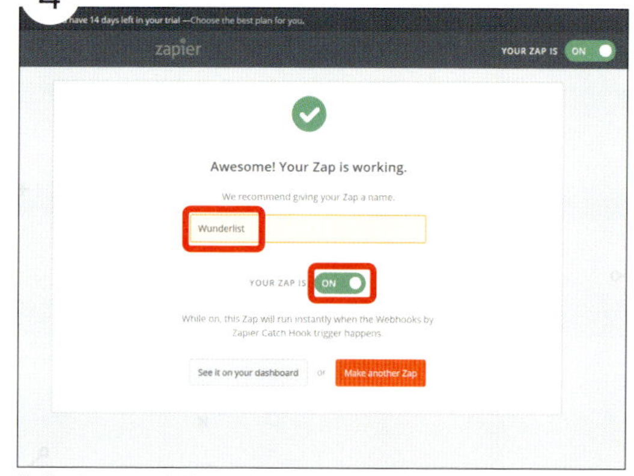

作成したZAPの名前を入力します。ZAPを有効にするには、「YOUR ZAP IS」のスイッチをONにします。

Point！ **作成したZAPを編集するには**

作成したZAPは、トップ画面の「ZAPS」をクリックすると表示されます。この画面ではZAPの有効·無効や、ZAPの編集や削除などの操作ができます。また、フォルダーを作成して、ZAPを整理することも可能です。

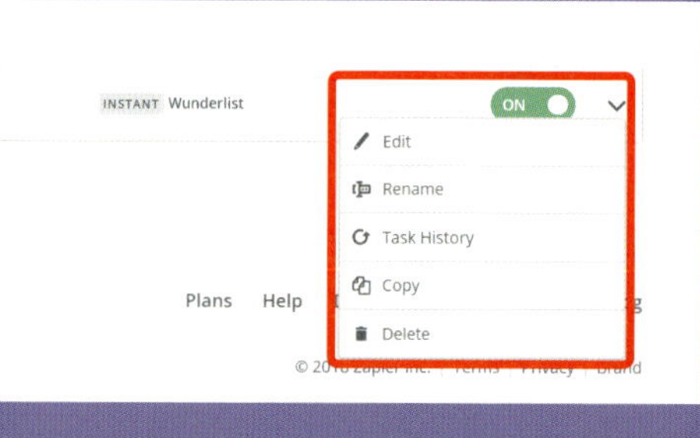

ZAP名の右側にあるスイッチで有効／無効を切り替えられます。「V」をクリックすると、編集や削除などの操作ができます。

3つ目のアクションを設定する

Zapierの大きな特徴に「マルチ・ステップ・ザップ」があります。これは複数のサービスを数珠つなぎのようにつなげるものです。たとえば、Google Homeに話しかけた内容をWunderlistに追加し、同時に設定したメールアドレスに送信するといったことができます。IFTTTだと複数のアプレットが必要になるところが、Zapierなら1つのZAPで連携させることができます。なお、3ステップ以上のZAPは有料プランのサービスですが、登録後14日間は試用が可能です。

追加したタスクをメールでも知らせる

1 新しいアクションを追加する

ここでは、投稿された内容をGmailで送信するZAPを作成する手順を説明します。先ほど作成したZAPの編集画面を表示すると、画面左側にステップが表示されています。新しいアクションを追加するには、「+」をクリックします。

2 Gmailのアクションを選択する

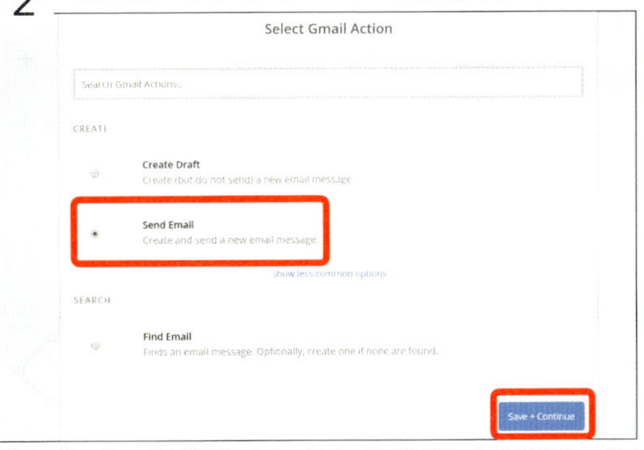

画面右側でGmailを検索します。ここでは受け取った内容をGmailで送信するので、「Send Email」を選択して「Save+Continue」をクリックします。アカウント接続などの画面が表示されたら、アカウントに接続して進めます。

3 作成するメールの内容を設定する

「To」に送信するメールアドレス、「Subject」にメールに件名を入力します。メール本文に投稿内容を入力するには、「{{Text}}」と入力します。入力した部分は緑色の表示に変わります。なお、前後に文章を入力することもできます。あとの項目は任意で設定し、画面右下の「Continue」をクリックします。

4 テストメールを送信する

Gmailでテスト送信する内容が表示されます。宛先、件名、本文などを確認して問題がなければ、「Send Test To Gmail」をクリックします。正常に送信できたら、ZAPを作成して完了します。

3つ以上のアプリを連携できるZapier

Column

ここではGmailでの送信方法を説明しましたが、これ以外にもさまざまな使い方が可能です。たとえば、完了したタスクをSlackにメッセージで送ったり、Google Taskに履歴を残すなど、業務を効率化する使い方がいろいろ可能になります。連携できるサービスの数だけできることがあるので、ぜひ試してみるといいでしょう。

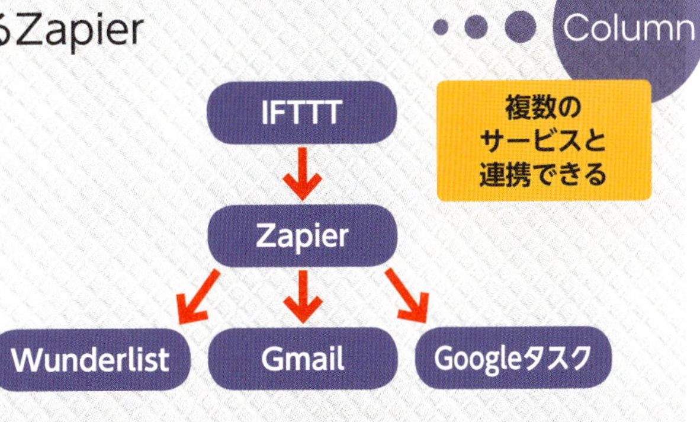

◆本書サポートページ
http://gihyo.jp/book/2018/978-4-7741-9640-4/support
本書記載の情報の修正／補足については、当該Webページで行います。

装丁デザイン　ナカミツデザイン
本文デザイン・DTP　宮下晴樹（ケイズプロダクション）、松井美緒（ケイズプロダクション）
編集協力　森谷健一（ケイズプロダクション）、久野由紀（オフィスミュウ）
執筆協力　岩渕 茂／宮下由多加／今村丈史／甲賀佳久／出田 田／井乃崎由帆
担当　細谷 謙吾

■お問い合わせについて

本書に関するご質問は記載内容についてのみとさせていただきます。本書の内容以外のご質問には一切応じられませんので、あらかじめご了承ください。なお、お電話でのご質問は受け付けておりませんので、書面またはFAX、弊社Webサイトのお問い合わせフォームをご利用ください。

〒162-0846　東京都新宿区市谷左内町21-13
株式会社技術評論社
『はじめてのGoogle Home』係
FAX　03-3513-6173
URL　http://gihyo.jp

ご質問の際に記載いただいた個人情報は回答以外の目的に使用することはありません。使用後は速やかに個人情報を廃棄します。

はじめてのGoogle Home スマートスピーカーを使いこなそう！
［ニュース、音楽、家電操作からさらに楽しい使い方まで］

2018年3月29日　初版　第1刷　発行

著　者　ケイズプロダクション
発行者　片岡　巌
発行所　株式会社技術評論社
東京都新宿区市谷左内町21-13
電話　03-3513-6150　販売促進部
03-3513-6177　雑誌編集部
印刷／製本　港北出版印刷株式会社

定価はカバーに表示してあります。

造本には細心の注意を払っておりますが、万一、乱丁（ページの乱れ）や落丁（ページの抜け）がございましたら、小社販売促進部までお送りください。送料小社負担にてお取り替えいたします。

ISBN 978-4-7741-9640-4 C3055
Printed in Japan